普通高等教育新工科通信专业系列教材

无线传播与网络规划

罗伟　谢显中　王敏　郝宏刚　张民　编著

西安电子科技大学出版社

内 容 简 介

本书在介绍电波传播理论的基础上阐述了各类电波传播建模方法,在无线网络规划与优化的框架下重点讲述了基站系统的架构与功能,并介绍了移动通信中电波传播的测量与仿真技术。本书共 8 章,具体内容包括:电磁波传播基本理论、地表电波传播模式、宏蜂窝传播预测模型、微蜂窝与室内传播预测模型、无线网格规划与优化方法、无线网络基站系统、无线通信电波测量技术以及无线电波传播仿真方法。

本书可作为大学电子通信与信息类专业本科生的教材,也可供相关工程技术人员参考。

图书在版编目(CIP)数据

无线传播与网络规划 / 罗伟等编著. —西安:西安电子科技大学出版社,2022. 6
(2024.8 重印)
ISBN 978 - 7 - 5606 - 6427 - 9

Ⅰ. ①无…　Ⅱ. ①罗…　Ⅲ. ①无线网—网络规划—高等学校—教材
Ⅳ. ①TN926

中国版本图书馆 CIP 数据核字(2022)第 057172 号

策　　划　高　樱
责任编辑　张　玮
出版发行　西安电子科技大学出版社(西安市太白南路 2 号)
电　　话　(029)88202421　88201467　　　邮　　编　710071
网　　址　www. xduph. com　　　　　　　电子邮箱　xdupfxb001@163.com
经　　销　新华书店
印刷单位　咸阳华盛印务有限责任公司
版　　次　2022 年 6 月第 1 版　2024 年 8 月第 2 次印刷
开　　本　787 毫米×1092 毫米　1/16　印张　12
字　　数　300 千字
定　　价　35.00 元
ISBN 978 - 7 - 5606 - 6427 - 9

XDUP 6729001 - 2

＊＊＊如有印装问题可调换＊＊＊

前　言

当代移动通信网络建设要求将无线电波传播理论与无线网络技术充分结合，从而对从业人员能力和本科生培养提出了较高的要求。本书将无线电波传播理论与无线网络工程技术紧密结合，旨在建立电波传播理论与无线网络规划及优化技术之间的联系，针对社会和企业对于创新复合型工程人才的需求，培养学生在移动通信领域的理论素养与工程能力。本书充分体现理论与工程结合的思路，内容由基本理论延伸至具体无线工程技术，并适当加入案例分析，对相关专业本科生的能力培养具有一定的价值。

全书共 8 章。第 1 章主要介绍了与无线电波传播相关的电磁场与电磁波基础理论知识，详细描述了无线信道中的反射、绕射和散射三种现象，重点对介质和理想导体表面的反射现象进行了理论分析；对于自由空间环境中的接收电场强度、接收功率及路径损耗的预估公式进行了推导计算；以基尔霍夫积分为基础推导了菲涅耳区的定义，并对菲涅耳带和菲涅耳半径等概念进行了定义说明，由此给出了传播余隙的定义及其在无线通信中的应用。第 2 章为空间波传播模式下电磁波在地表环境的传播特性及基本理论，重点研究了光滑地面上的电波传播路径损耗计算方法与双径反射模型，特别强调了地面介电特性及规则典型形状绕射问题对于电波传播的影响；阐述并讨论了气象环境与电波传播之间的关系，分别介绍了降雨、降雪、云雾及沙尘引起衰减的原因与预估方法。第 3 章为无线通信中电波传播建模的方法原则，以及经验测量方法与确定性预测方法的基本概念，重点介绍了几种在宏蜂窝场景下广泛使用的典型区域预测模型，包括 Okumara-Hata 模型、典型城市环境传播模型、身体模型、COST - 231 模型以及 Lee 宏蜂窝模型。第 4 章为微蜂窝场景与室内环境下的电波传播预测模型，主要介绍了微蜂窝预测模型的基本原理与典型微站场景路径损耗建模方法，给出了经典室内电波传播模型及其特点，详细介绍了在无线网络工程中常用的 Lee 室内预测模型与 ITU 室内预测模型，并介绍了毫米波室内无线传播模型的基本方法；针对复杂异构网络规划与设计的需求，介绍了电波传播模式选择的基本原则。第 5 章主要介绍了无线通信网络规划与优化的基本理论和方法，给出了网络规划的定义，并与网络优化进行了比较，阐述了网络规划的目标、主要内容及流程；给出了网络覆盖预估中的上行与下行链路预算方法，并以典型室外宏站覆盖场景为案例说明了网络优化原则。第 6 章以 5G 移动通信系统中无线基站为例，详细介绍了无线基站的架构组成，对 5G 网络的架构特点进行了介绍，并给出了 5G 系统的接入网组网方式；详细阐述了射频模块与基带处理单元这两项最重要的基站主设备的结构、功能及应用范围，重点强调了有源集成化在当前基站设备研发设计领域的重要性；对基站天馈系统进行了详细描述，包括基站天线的基本参数与结构、有源基站天线系统，并结合实际无线网络建设场景给出了基站天线选型与架设的基本原则。第 7 章介绍了应用于无线通信技术的电波测量技术，阐述了电波测量中电磁场强度测量的基本原理以及常用的测量仪器；针对移动通信系统网络建设，详细介绍了场强测量的原理、方法及测量数据处理方法，并且针对 5G 及未来移动通信系统中的毫米波技术，介绍了毫米波频段电磁波的测量原理与测试设计原则；针对测量数据的误差分析与统计方法进行了阐述，并给出了对测量结果进行评定分析的方法原则。第 8 章介绍了无线传播仿真技术中几种主要的统计建模方法，重点介绍了射线追踪法的基本原理，包括反射系数、透射系数以及绕射系数的求解方法；简述了正向射线追踪算法和反向射线追踪算法的思想，对常用的 SBR/IM 方法的关键技术进行了讨论分析；对常用无线传播商用仿真软件的功能与特点进行了介绍并加以比较。

在本书的编写过程中，作者参考了国内外多本优秀的无线电波传播与无线网络系统相关教材及高水平学术论文，在此对这些文献的作者表示感谢。重庆邮电大学教务处和光电工程学院的领导和同事对本书的编写给予了支持与帮助，此外，团队中的研究生参与了本书的文字录入、校对和绘图等方面的工作，在此对他们一并表示感谢。

限于作者的知识水平，虽然数易其稿，但本书中难免存在不足与疏漏，恳请广大读者提出宝贵意见。

本书的出版得到了重庆邮电大学规划教材建设项目的资助与支持，在此表示衷心的感谢。

作 者

2021 年 10 月

于重庆邮电大学

目　　录

第 1 章　电磁波传播基本理论

　　电磁波通常有两种传播方式:一种是沿着波导、同轴电缆、光缆等传输线在有限的空间内传播,称为有线传播;另一种是在无限大空间以真空(空气)或其他介质为媒介进行传播,称为无线电波传播。无线电波传播是无线电工程中的一个重要课题,在无线通信、雷达、导航等系统的设计研制中占有重要地位。

　　无线电波主要的传播方式如图 1.1 所示。无线电波沿地表面传播的方式称为地面波传播。无线电波经电离层连续折射后到达接收点的传播方式称为天波传播。无线电波通过空气从发射天线直接传播到接收天线(有时也有反射波到达)的传播方式称为空间波传播,又称视距传播。无线电波在外大气层或行星际空间进行的地对空或空对空之间的传播方式称为外层空间传播。

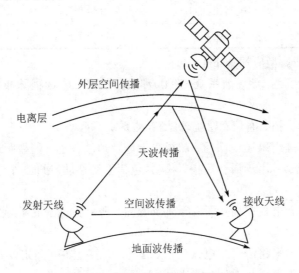

图 1.1　无线电波主要的传播方式

　　无线电波的传播特性还与电波工作频率有关。实际工作中往往根据工作频段选取一种最适合的传播方式进行无线电波传播。在整个电磁波谱中,无线电波波段的划分详见表 1.1。一般情况下,长、中波比较适合采用地面波传播方式进行传播;短波适合采用天波传播方式进行传播;超短波和微波(分米波、厘米波和毫米波的统称)适合采用空间波传播方式进行传播;外层空间传播因只能用微波进行传播,故需用空间波传播方式进行传播。在某些情况下也可能几种传播途径并存。如中波广播业务,某些地区既可收到经电离层反射的天波信号,同时又可收到沿地表面传播的地面波信号。

表 1.1　无线电波波段的划分

频　　段		波　　段	
范　　围	名　　称	范　　围	名　　称
30 Hz 以下	极低频(ELF)	10^4 km 以上	极长波
30～300 Hz	超低频(SLF)	10 000～1000 km	超长波
300～3000 Hz	特低频(ULF)	1000～100 km	特长波
3～30 kHz	甚低频(VLF)	100～10 km	甚长波
30～300 kHz	低频(LF)	10～1 km	长波
300～3000 kHz	中频(MF)	1000～100 m	中波
3～30 MHz	高频(HF)	100～10 m	短波
30～300 MHz	甚高频(VHF)	10～1 m	超短波
300～3000 MHz	特高频(UHF)	10～1 dm	分米波
3～30 GHz	超高频(SLF)	10～1 cm	厘米波
30～300 GHz	极高频(EHF)	10～1 mm	毫米波
300～3000 GHz	超级高频	1～0.1 mm	亚毫米波

一些主要波段的典型应用如下：

(1) 长波：用于罗兰－C 导航系统(美国)和我国长河二号远程脉冲相位差导航系统，以及远程通信广播等。

(2) 中波：用于广播、通信、导航(机场着陆系统)等。

(3) 短波：用于远距离通信广播、超视距天波及地波雷达、超视距地对空通信等。

(4) 超短波(米波)：用于语音广播、移动(包括卫星移动)通信、接力通信、航空导航信标等。

(5) 分米波：用于电视广播、飞机导航及着陆、警戒雷达、卫星导航、卫星跟踪、蜂窝无线电通信。

(6) 厘米波：用于多路语音与电视信道、雷达、卫星遥感、固定及移动通信信道。

(7) 毫米波：用于短路径通信、雷达、卫星遥感。

(8) 亚毫米波：用于短路径通信。

无线电波传播的理论基础是描述场与源关系的麦克斯韦方程组及边界条件。本章将依次介绍均匀平面波的传播特点、平面波的极化、无线电波的传播方式和无线电波传播的菲涅耳区。

1.1　均匀平面波的传播

麦克斯韦方程组可以用来解释所有的电磁现象，且由它推导出的波动方程对于以任意方式随时间变化的电磁波都是适用的。由正弦波源所产生的随时间作正弦变化的电磁波，称为时谐波。因为时谐波易于激励并且在线性介质中任意的周期性时间函数均可展开成时谐正弦分量的傅里叶级数，因此在工程应用中，波源更多的是随时间作正弦变化的正弦波源。均匀平面波是麦克斯韦方程的一个特解，假设波的电场和磁场在与波传播方向垂直的无限大平面内具有相同的方向、幅度和相位。均匀平面波在现实中是不存在的，因为只有无限大的场源才能够产生均匀平面波。但是，在离场源足够远的位置处的等相位面相当于一个巨大球面，巨大球面上非常小的一部分可以近似为一个平面。均匀平面波是电波传播最简单的形式，沿传输线和波导的波以及由天线辐射到远场的波都与均匀平面波相似，所以分析讨论均匀平面波是十分有必要的。

在本节中主要介绍均匀平面波的传播，先从麦克斯韦方程的角度介绍平面电磁波，随后介绍平面波的极化和不同介质中的均匀平面波。

1.1.1　平面电磁波

首先考虑平面波的传播特性。麦克斯韦方程是描述宏观电磁现象基本特性的一组微分方程：

$$\begin{cases} \nabla \times \boldsymbol{H} = \boldsymbol{J} + \dfrac{\partial \boldsymbol{D}}{\partial t} \\[2mm] \nabla \times \boldsymbol{E} = -\dfrac{\partial \boldsymbol{B}}{\partial t} \\[2mm] \nabla \cdot \boldsymbol{D} = \rho \\[2mm] \nabla \cdot \boldsymbol{B} = 0 \end{cases} \tag{1.1}$$

麦克斯韦方程建立在库仑、安培、法拉第等人的实验定律和麦克斯韦位移电流概念的基础上。方程把任何时刻在空间任一点上的电场和磁场的空间、时间关系与位于这一点的场源联系起来。方程中电场强度 $\boldsymbol{E}$、电通量密度 $\boldsymbol{D}$、磁感应强度 $\boldsymbol{B}$、磁场强度 $\boldsymbol{H}$ 和电流密度 $\boldsymbol{J}$ 为矢量，体电荷密度 ρ 为标量。麦克斯韦方程对应的积分形式可以写为

$$\begin{cases} \oint_c \boldsymbol{H} \cdot \mathrm{d}\boldsymbol{l} = I + \int_s \dfrac{\partial \boldsymbol{D}}{\partial t} \cdot \mathrm{d}\boldsymbol{s} \\[3mm] \oint_c \boldsymbol{E} \cdot \mathrm{d}\boldsymbol{l} = -\int_s \dfrac{\partial \boldsymbol{B}}{\partial t} \cdot \mathrm{d}\boldsymbol{s} \\[3mm] \oint_c \boldsymbol{D} \cdot \mathrm{d}\boldsymbol{s} = Q \\[3mm] \oint_c \boldsymbol{B} \cdot \mathrm{d}\boldsymbol{s} = 0 \end{cases} \tag{1.2}$$

麦克斯韦方程组由四个方程组成，其中第一个方程是修正后的安培环路定律，即全电流定律，表明电流和时变的电场能激发磁场。第二个方程是法拉第电磁感应定律，表明时变的磁场产生电场这一重要事实。这两个方程是麦克斯韦方程的核心，说明电场与磁场之间的相互作用能导致波的传播，电磁场可以脱离场源独立存在。第三个方程可以看作高斯定理，体电荷密度 ρ 的体积分等于封闭面 S 所包围的总电荷 Q。第四个方程并不表示某一特定的定律，但是可以得出不存在任何孤立的磁电荷以及通过一个闭合面向外的总磁通量等于 0 的结论。

麦克斯韦方程组中除了上述四个方程外，还有一组本构关系方程，对于静止的各向同性、线性介质，可写为

$$\begin{cases} \boldsymbol{D} = \varepsilon \boldsymbol{E} \\ \boldsymbol{B} = \mu \boldsymbol{H} \\ \boldsymbol{J} = \sigma \boldsymbol{E} \end{cases} \tag{1.3}$$

其中 ε、μ 和 σ 分别是介质的介电常数、磁导率和电导率。对于自由空间，本构关系方程为

$$\begin{cases} \boldsymbol{D} = \varepsilon_0 \boldsymbol{E} \\ \boldsymbol{B} = \mu_0 \boldsymbol{H} \\ \boldsymbol{J} = 0 \\ \rho = 0 \end{cases} \tag{1.4}$$

这里的 ε_0 和 μ_0 分别是自由空间中的介电常数和磁导率，$\varepsilon_0 = 8.854 \times 10^{-12}$ F/m，$\mu_0 = 4\pi \times 10^{-7}$ H/m。

描述场源 $\boldsymbol{J}$ 和 ρ 之间关系的方程称为电流连续性方程（电荷守恒定律），表示为

$$\nabla \cdot \boldsymbol{J} = -\frac{\partial \rho}{\partial t} \tag{1.5}$$

在时变电磁场中，场量和场源除了是关于空间的函数外，还是关于时间的函数。正弦时变电磁场又称时谐场，因为时谐场易于激励，所以在工程技术中经常被使用。当场源是单频正弦时间函数时，由于麦克斯韦方程组是线性偏微分方程组，因此场源所激励的电场和磁场分量在正弦稳态条件下仍是同频率的正弦时间函数。据此建立的时变场方程可得到相当的简化。通常规定与时间的关系为 $e^{j\omega t}$ 的相量，时间偏导数算子 $\partial/\partial t$ 可以用算子 $j\omega$ 来代替，故上述提到的麦克斯韦方程组可以用复数的形式表示出来。麦克斯韦方程的复数形式可以写为

$$\begin{cases} \nabla \times \boldsymbol{H} = \boldsymbol{J} + j\omega \boldsymbol{D} \\ \nabla \times \boldsymbol{E} = -j\omega \boldsymbol{B} \\ \nabla \cdot \boldsymbol{D} = \rho \\ \nabla \cdot \boldsymbol{B} = 0 \\ \nabla \cdot \boldsymbol{J} = -j\omega \rho \end{cases} \tag{1.6}$$

不过，只有极少数的电磁问题可以找到方程的解析解。这是因为现实中大多数电磁问题的几何形状不能按照某几何坐标系来描述，所以无法利用一组正交的基本波函数来表示。通常，由于边界条件太多，甚至还可能是短暂的，因此只能采用统计方法来求工程解。现实传播环境中的散射体和反射体的复杂几何形状，形成了具有不同电磁性能的介质之间不同的边界问题。麦克斯韦方程的微分形式只适用于场矢量的各个分量处处可微的空间。当讨论多区介质时，分界面上的场分量可能不连续，这时必须用边界条件来决定分界面上的电磁场特性，边界条件亦称为分界面上的场方程。边界条件在电磁场理论中是从麦克斯韦方程的积分形式导出的：

$$\begin{cases} \boldsymbol{n} \times (\boldsymbol{H}_1 - \boldsymbol{H}_2) = \boldsymbol{J}_s \\ \boldsymbol{n} \times (\boldsymbol{E}_1 - \boldsymbol{E}_2) = 0 \\ \boldsymbol{n} \cdot (\boldsymbol{D}_1 - \boldsymbol{D}_2) = \rho_s \\ \boldsymbol{n} \cdot (\boldsymbol{B}_1 - \boldsymbol{B}_2) = 0 \end{cases} \tag{1.7}$$

式中 $\boldsymbol{n}$ 是从介质 2 指向介质 1 的边界面法线方向上的单位矢量，ρ_s 和 $\boldsymbol{J}_s$ 分别是边界面上的面电荷密度和面电流密度。

当分界面两侧为不同的理想介质（$\sigma=0$）时，分界面上一般不存在面电荷密度 ρ_s 和面电流密度 $\boldsymbol{J}_s$，即 $\rho_s=0$ 和 $\boldsymbol{J}_s=\boldsymbol{0}$，此时边界条件改写为

$$\begin{cases} \boldsymbol{n}\times(\boldsymbol{H}_1-\boldsymbol{H}_2)=0 \\ \boldsymbol{n}\times(\boldsymbol{E}_1-\boldsymbol{E}_2)=0 \\ \boldsymbol{n}\cdot(\boldsymbol{D}_1-\boldsymbol{D}_2)=0 \\ \boldsymbol{n}\cdot(\boldsymbol{B}_1-\boldsymbol{B}_2)=0 \end{cases} \Rightarrow \begin{cases} \boldsymbol{n}\times\boldsymbol{H}_1=\boldsymbol{n}\times\boldsymbol{H}_2 \\ \boldsymbol{n}\times\boldsymbol{E}_1=\boldsymbol{n}\times\boldsymbol{E}_2 \\ \boldsymbol{n}\cdot\boldsymbol{D}_1=\boldsymbol{n}\cdot\boldsymbol{D}_2 \\ \boldsymbol{n}\cdot\boldsymbol{B}_1=\boldsymbol{n}\cdot\boldsymbol{B}_2 \end{cases} \tag{1.8}$$

如果分界面一侧为一般介质，另一侧为理想导体（$\sigma=\infty$），边界条件则可以写为

$$\begin{cases} \boldsymbol{n}\times\boldsymbol{H}_1=\boldsymbol{J}_s \\ \boldsymbol{n}\times\boldsymbol{E}_1=0 \\ \boldsymbol{n}\cdot\boldsymbol{D}_1=\rho_s \\ \boldsymbol{n}\cdot\boldsymbol{B}_1=0 \end{cases} \tag{1.9}$$

通过麦克斯韦方程组可以推导出电磁波的波动方程，假设介质是均匀、线性、各向同性的，讨论的区域是有界区域，区域中的外加场源电荷和电流为零。由于介质的电导率不为 0，电场在介质中引起的位移电流为 $\boldsymbol{J}=\sigma\boldsymbol{E}$。此时由麦克斯韦方程推导出的波动方程为

$$\nabla^2\cdot\boldsymbol{E}-\mu\sigma\frac{\partial\boldsymbol{E}}{\partial t}-\mu\varepsilon\frac{\partial^2\boldsymbol{E}}{\partial t^2}=0 \tag{1.10}$$

$$\nabla^2\cdot\boldsymbol{H}-\mu\sigma\frac{\partial\boldsymbol{H}}{\partial t}-\mu\varepsilon\frac{\partial^2\boldsymbol{H}}{\partial t^2}=0 \tag{1.11}$$

式（1.10）和式（1.11）是无源导电介质中的波动方程，称为广义波动方程。当介质是理想介质（$\sigma=0$）时，可以得到常用的波动方程为

$$\nabla^2\cdot\boldsymbol{E}-\mu\varepsilon\frac{\partial^2\boldsymbol{E}}{\partial t^2}=0 \tag{1.12}$$

$$\nabla^2\cdot\boldsymbol{H}-\mu\varepsilon\frac{\partial^2\boldsymbol{H}}{\partial t^2}=0 \tag{1.13}$$

在正弦时变场条件下，复数形式可以写为

$$\nabla^2\cdot\boldsymbol{E}+k\boldsymbol{E}=0 \tag{1.14}$$

$$\nabla^2\cdot\boldsymbol{H}+k\boldsymbol{H}=0 \tag{1.15}$$

波动方程的解表示时变电磁场在空间的存在并以波动形式传播，即产生了电磁波。波动方程在自由空间的解是一个沿某一特定方向以光速传播的电磁波，这是麦克斯韦首先获得的结果。而平面电磁波就是波动方程的一个特解。平面电磁波指的是等相位面为平面的电磁波，所谓等相位面就是由相位相等的点所构成的面。均匀平面电磁波意味着电磁波等相位面上的电场强度和磁场强度是均匀分布的。

如图 1.2 所示，假设电磁波沿 z 轴方向传播，电场和磁场强度矢量都在等相位面 xoy 平面内，电场强度矢量方向在 x 方向上，即

$$\boldsymbol{E}=E_x(z,t)\boldsymbol{a}_x \tag{1.16}$$

由于均匀平面波的电场强度在等相位面 xoy 内是均匀分布的，即

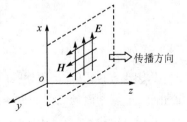

图 1.2　平面波示意图

$$\frac{\partial E_x}{\partial x} = \frac{\partial E_x}{\partial y} = 0 \tag{1.17}$$

将式(1.16)代入法拉第定律，可知磁场只有 y 分量，同时电场和磁场是相互正交的。

$$\boldsymbol{H} = H_y(z,t)\boldsymbol{a}_y \tag{1.18}$$

$$\frac{\partial H_y}{\partial x} = \frac{\partial H_y}{\partial y} = 0 \tag{1.19}$$

将这些结果代入法拉第定律和安培环路定律，可得无源无耗介质中场矢量的微分方程：

$$\frac{\partial E_x(z,t)}{\partial z} = -\mu \frac{\partial H_y(z,t)}{\partial t} \tag{1.20a}$$

$$\frac{\partial H_y(z,t)}{\partial z} = -\sigma E_x(z,t) - \varepsilon \frac{\partial E_x(z,t)}{\partial t} \tag{1.20b}$$

将式(1.20)中的结果化简为

$$\frac{\mathrm{d}^2 E_x(z)}{\mathrm{d}z} = -\mathrm{j}\omega\mu H_y(z) \tag{1.21a}$$

$$\frac{\mathrm{d}H_y(z)}{\mathrm{d}z} = -(\sigma + \mathrm{j}\omega\varepsilon)E_x(z) \tag{1.21b}$$

　　电场和磁场各分量只是关于坐标变量 z 的函数，因此可以用常微分积分计算代替偏微分计算。通过对其中一个方程对 z 求导数，并代入另一个方程中求解得到一组二阶常微分方程：

$$\frac{\mathrm{d}^2 E_x(z)}{\mathrm{d}z^2} = \gamma^2 E_x(z) \tag{1.22a}$$

$$\frac{\mathrm{d}^2 H_y(z)}{\mathrm{d}z^2} = \gamma^2 H_y(z) \tag{1.22b}$$

以上方程的解为

$$E_x = E_m^+ \mathrm{e}^{-\gamma z} + E_m^- \mathrm{e}^{\gamma z} \tag{1.23a}$$

$$H_y = \frac{E_m^+}{\eta}\mathrm{e}^{-\gamma z} - \frac{E_m^-}{\eta}\mathrm{e}^{\gamma z} \tag{1.23b}$$

$$H_y = \frac{1}{\eta}\boldsymbol{e}_n \times E_x \tag{1.23c}$$

其中，E_m^+ 与 E_m^- 分别表示沿 z 轴正向和反向传播的电场分量，$\boldsymbol{e}_n$ 表示与 x 轴正交的平面的法向单位矢量。

　　式中的 γ 和 η 分别为传播常数和波阻抗：

$$\gamma = \sqrt{\mathrm{j}\omega\mu(\sigma + \mathrm{j}\omega\varepsilon)} = \alpha + \mathrm{j}\beta \tag{1.24}$$

$$\eta = \sqrt{\frac{\mathrm{j}\omega\mu}{\mathrm{j}\omega\varepsilon + \sigma}} = \eta\angle\theta_\eta \tag{1.25}$$

　　从图 1.3 和式(1.23)中可以看出平面波传播过程中，空间中任一点上的电场和磁场相位相同，电场和磁场之间的振幅之比为 η。

　　式(1.24)和式(1.25)中的 α 和 β 分别为衰减常数和相位常数(波数)，衰减常数 α 的单位为奈培每米(NP/m)，相位常数 β 的单位为弧度每米(rad/m)。

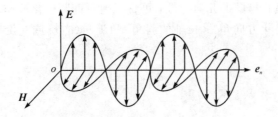

图 1.3　平面波的传播过程

使用 α、β 和 η 来表示，式(1.23)可以改写为

$$E_x = E_m^+ e^{-\alpha z} e^{-j\beta z} + E_m^- e^{\alpha z} e^{j\beta z} \tag{1.26a}$$

$$H_y = \frac{E_m^+}{\eta} e^{-\alpha z} e^{-j\beta z} e^{-j\theta_\eta} - \frac{E_m^-}{\eta} e^{\alpha z} e^{j\beta z} e^{-j\theta_\eta} \tag{1.26b}$$

其时域形式可以写为

$$\begin{aligned} E_x &= \text{Re}[E_x e^{j\omega t}] \\ &= E_m^+ e^{-\alpha z} \cos(\omega t - \beta z + \theta^+) + E_m^- e^{\alpha z} \cos(\omega t + \beta z + \theta^-) \end{aligned} \tag{1.27a}$$

$$\begin{aligned} H_y &= \text{Re}[H_y e^{j\omega t}] \\ &= \frac{E_m^+}{\eta} e^{-\alpha z} \cos(\omega t - \beta z + \theta^+ - \theta_\eta) - \frac{E_m^-}{\eta} e^{\alpha z} \cos(\omega t + \beta z + \theta^- - \theta_\eta) \end{aligned} \tag{1.27b}$$

1.1.2　平面电磁波的极化

　　均匀平面波的极化描述了平面波在空间中传播时给定点的电场强度(因为磁场方向与电场方向直接相关，所以没必要单独描述磁场的特性)矢量的时变特性。电场的两个分量没有相位差(同相)或相位差为 180°(反相)时，合成电场矢量是直线极化。如式(1.16)，当平面波的电场矢量固定在 x 方向时，这种平面波被称为沿 x 方向的线极化。

　　某些情况下，给定点上平面波的电场方向会随时间变化而变化。两个相互正交线极化波的叠加：一个波 x 极化，另一个波 y 极化，且 y 方向极化波在时间上的相位比 x 方向极化波滞后 90°，电场矢量可以写为

$$\boldsymbol{E}(z) = \boldsymbol{a}_x E_1(z) + \boldsymbol{a}_y E_2(z) = \boldsymbol{a}_x E_{1m} e^{-jkz} - \boldsymbol{a}_y j E_{2m} e^{-jkz} \tag{1.28}$$

电场的瞬时表达式为

$$\boldsymbol{E}(z,t) = \boldsymbol{a}_x E_{1m} \cos(\omega t - kz) + \boldsymbol{a}_y E_{2m} \cos\left(\omega t - kz - \frac{\pi}{2}\right) \tag{1.29}$$

令给定点的 $z=0$，则有

$$\boldsymbol{E}(0,t) = \boldsymbol{a}_x E_1(0,t) + \boldsymbol{a}_y E_2(0,t) = \boldsymbol{a}_x E_{1m} \cos\omega t + \boldsymbol{a}_y E_{2m} \sin\omega t \tag{1.30}$$

当 ωt 从 0 增长至完整的 2π 周期时，电场矢量在空间描出的轨迹为一个椭圆，即电场矢量围绕传播方向的轴线不断地旋转，可以推导出椭圆方程：

$$\left[\frac{E_1(0,t)}{E_{1m}}\right]^2 + \left[\frac{E_2(0,t)}{E_{2m}}\right]^2 = 1 \tag{1.31}$$

　　根据式(1.31)的结果可以得出结论：当空间上相互正交、相位差为 90°的两个线极化波进行叠加后产生的电磁波电场矢量的变化轨迹为一个椭圆方程。当 $E_{1m} \neq E_{2m}$ 时，电磁波为椭圆极化波；当 $E_{1m} = E_{2m}$ 时，电磁波为圆极化波。

图 1.4 描述的是极化椭圆的几何参数，可直观地对椭圆极化波作定量描述，即轴比 AR（长轴与短轴之比）、极化方向角 τ（长轴的斜角）和旋向（右旋或左旋）。轴比的定义式可以写为

$$AR = \frac{|\boldsymbol{E}_a|}{|\boldsymbol{E}_b|} \tag{1.32}$$

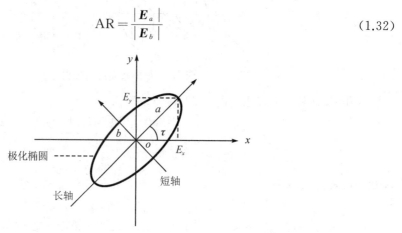

图 1.4　极化椭圆示意图

圆极化就是轴比等于 1 的椭圆极化波，其极化曲线是一个圆，也分右旋或左旋两种旋向。这时极化方向角不确定，代之以电场矢量初始取向的斜角。线极化波是轴比趋于无穷大的椭圆极化波，其电场矢量的取向始终位于一条直线上，这条直线的斜角就是极化方向。这时旋向失去了意义，代之以电场强度的初始相位。

当电场振幅 $E_{1m} = E_{2m}$ 且电场矢量以角速度 ω 逆时针方向旋转时，电场矢量与 x 轴夹角的瞬间值为 $\alpha = \omega t$。根据式（1.28）和式（1.29），此时 $E_2(z)$ 在时间相位上比 $E_1(z)$ 滞后 $90°$，该电磁波称作右旋圆极化波或正圆极化波。如果 $E_2(z)$ 在时间相位上比 $E_1(z)$ 超前 $90°$，则式（1.28）和式（1.29）可以改写为

$$\boldsymbol{E}(z) = \boldsymbol{a}_x E_1(z) + \boldsymbol{a}_y E_2(z) = \boldsymbol{a}_x E_{1m} e^{-jkz} + \boldsymbol{a}_y j E_{2m} e^{-jkz} \tag{1.33}$$

$$\boldsymbol{E}(0,t) = \boldsymbol{a}_x E_1(0,t) + \boldsymbol{a}_y E_2(0,t) = \boldsymbol{a}_x E_{1m} \cos\omega t - \boldsymbol{a}_y E_{2m} \sin\omega t \tag{1.34}$$

式（1.33）表示的仍为椭圆极化波，如果电场振幅 $E_{1m} = E_{2m}$，则为圆极化波，如图 1.5 所示。此时电场矢量以角速度 ω 顺时针方向旋转，电场矢量与 x 轴夹角的瞬间值为 $-\omega t$，该电磁波称为左旋圆极化波或负圆极化波。圆极化波的旋向具体判断可按如下方式进行：将右手大拇指指向电磁波的传播方向，其余四指指向电场强度的矢端并旋转，若与电场强度的旋转方向一致，则为右旋圆极化波；若与电场强度的旋转方向相反，则为左旋圆极化波。

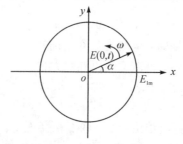

图 1.5　圆极化，$E_{1m} = E_{2m}$

如果空间中相互正交的 $E_1(z)$ 和 $E_2(z)$ 在时间上同相位,如图 1.6 所示,则它们合成的电磁波将是沿着与 x 轴夹角为 $\arctan(E_{2m}/E_{1m})$ 方向上的线极化波。当 $\omega t = 0$ 时,合成电磁波的电场矢量端点在 P_1 处。当 ωt 增加至 $\pi/2$ 时,其幅度减少至 0,之后又向相反的方向增加,在 $\omega t = \pi$ 时到达 P_2 处。在 $z = 0$ 平面内,电场矢量的瞬时表达式可以写为

$$E(0,t) = a_x E_1(0,t) + a_y E_2(0,t) = (a_x E_{1m} + a_y E_{2m})\cos\omega t \qquad (1.35)$$

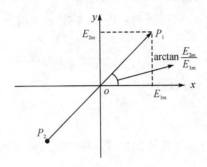

图 1.6 线极化的合成

一般情况下,任何一个椭圆极化波都可以分解成一个右旋圆极化波和一个左旋圆极化波之和。线极化波分解成两个旋向相反的圆极化波,且两者的幅值相等,初始取向对称于线极化波的取向。任何一个椭圆极化波还可以分解成两个取向正交的线极化波之和。这两个线极化波分量的电场矢量有不同的幅值和,以及不同的初始相位和。

在无线电波的传播过程中,为了在收发天线之间实现最大的功率传输,应采用极化性质相同的发射天线和接收天线,这种配置条件称为极化匹配。有时为了避免对某种极化波的感应,采用极化性质与之正交的天线,如垂直极化天线与水平极化波正交,右旋圆极化天线与左旋圆极化波正交。这种配置条件称为极化隔离,两种互相正交的极化波之间所存在的潜在的隔离性质,可应用于各种双极化体制。

极化的应用如下:

(1)利用极化实现最佳发射和接收。无线电技术中,利用不同极化的电磁波具有不同的传播特性,结合收发天线的极化特性,可实现无线电信号的最佳发射和接收。

(2)利用极化技术提高通信容量。在通信中,为了在有限频带范围内尽量提高可用信道数,增加信道容量,提高频率利用率,减少波道间干扰,目前广泛采用的频率复用技术之一是在同一传输链路上,利用电波的正交极化隔离,把互相正交极化的相邻两条信道安排在同一频段上,这样使频率利用率提高了一倍。

(3)极化技术应用在雷达目标识别、检测和成像中。雷达回波信号中除了幅度、相位信息外,还有一个重要的信息资源就是极化信息,电磁波照射目标后,其极化状态将发生改变,这一改变与目标的形状、结构、材料以及姿态等因素有关,还与照射到目标的极化状态有关,因此,可以利用目标回波中的极化特征来识别目标。

(4)极化技术应用在抗干扰中。通信、雷达、导航等信息电子设备常会遇到来自其他设备的干扰。对于单一极化的干扰,一般来说,只要将接收天线的极化改变成与干扰电波极化相正交,即可在很大程度上抑制干扰。

1.1.3　平面电磁波的传播

无线通信中电磁波通常在复杂介质中进行传播。本小节基于均匀介质假设，分别介绍无耗介质与有耗介质两种情况下平面电磁波的传播特性。

1. 无耗介质中的平面波传播

均匀平面波在无损耗介质中传播时，传播常数 γ 中的实部部分衰减常数 $\alpha = 0$，式 (1.24) 可以改写为

$$\gamma = \mathrm{j}\omega \sqrt{\mu_0 \varepsilon_0} = \mathrm{j}k_0 \tag{1.36}$$

式中 k_0 是真空中的相位常数（波数）：

$$k_0 = \omega \sqrt{\mu_0 \varepsilon_0} = \frac{\omega}{c} \tag{1.37}$$

根据式 (1.14)，真空中的无源波动方程可以用齐次矢量亥姆霍兹方程来表示：

$$\nabla^2 \boldsymbol{E} + k_0^2 \boldsymbol{E} = 0 \tag{1.38}$$

因为均匀平面波在垂直于 z 平面上的 E_x 是均匀的（幅度均匀且相位恒定），结合式 (1.17) 可以将式 (1.38) 简化为

$$\frac{\mathrm{d}^2 E_x}{\mathrm{d}z^2} + k_0^2 E_x = 0 \tag{1.39}$$

其解为

$$E_x = E_m^+ \mathrm{e}^{-\mathrm{j}k_0 z} + E_m^- \mathrm{e}^{\mathrm{j}k_0 z} \tag{1.40}$$

式中的 E_m^+ 和 E_m^- 由边界条件决定，$E_m^+ \mathrm{e}^{-\mathrm{j}kz}$ 表示沿 $+z$ 方向传播的波，$E_m^- \mathrm{e}^{\mathrm{j}kz}$ 则表示沿 $-z$ 方向传播的波。将第一个向量项写为瞬时值形式：

$$E_x^+(z,t) = \mathrm{Re}[E_m^+ \mathrm{e}^{-\mathrm{j}k_0 z} \mathrm{e}^{\mathrm{j}\omega t}] = E_m^+ \cos(\omega t - k_0 z) \tag{1.41}$$

图 1.7 是不同时刻 $E_x^+(z,t)$ 的波形。当 $t = 0$ 时，$E_x^+(z,t)$ 的波形是关于振幅为 E_m^+ 的余弦曲线。随着时间的增加，余弦曲线沿着 z 轴正方向匀速行进，得到行波。行波的波形每隔 $2n\pi$ 重复一次，行波的时空特性分别依赖于角频率 ω 和波数 k_0。如果只关注波上特定的点，可以假设式中的 $\cos(\omega t - k_0 z)$ 为常数或者相位项 $\omega t - k_0 z$ 为一个恒定相位。此点以匀速沿 $+z$ 方向传播，波的传播速度称为相速度，可表示为

$$v_p = \frac{\mathrm{d}z}{\mathrm{d}t} = \frac{\omega}{k_0} = \frac{1}{\sqrt{\mu_0 \varepsilon_0}} = c \tag{1.42}$$

由式 (1.42) 可以看出，真空中的平面波等相位面的传播速度（相速度）等于光速。

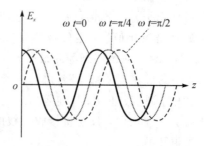

图 1.7　不同时刻的 E_x^+ 波形图

结合式(1.23c)和式(1.39)可以得出与电场矢量的 x 分量 E_x 相伴的磁场矢量的 y 分量 H_y :

$$H_y = \frac{1}{\eta_0} E_m^+ e^{-jk_0 z} + \frac{1}{\eta_0} E_m^- e^{jk_0 z} \tag{1.43}$$

式中的 η_0 是真空中介质的本征阻抗,又称为波阻抗。

$$\eta_0 = \sqrt{\frac{\mu_0}{\varepsilon_0}} = 120\pi\ \Omega = 377\ \Omega \tag{1.44}$$

因为 η_0 是一个实数,所以 $E_x(z)$ 和 $H_y(z)$ 同相,于是磁场的瞬时表达式参照式(1.40)写为

$$H_y^+(z,t) = \mathrm{Re}[H_y^+(z)e^{j\omega t}] = \frac{E_m^+}{\eta_0}\cos(\omega t - k_0 z) \tag{1.45}$$

因此,真空中均匀平面波的电场和磁场振幅之比就是真空中介质的本征阻抗。电场和磁场向量相互垂直,且二者都垂直于电磁波的传播方向。电场和磁场的时空变化关系相同。因为在真空中传播介质没有损耗,所以电场和磁场的振幅也不会随传播距离增加而衰减。

2. 有耗介质中的平面波传播

当均匀平面波在有耗介质中传播时,与其在真空中传播有两个不同点。第一个不同点是传播常数的实部衰减常数 α 不为 0,这导致在有耗介质中传播的电磁波振幅应乘以 $e^{-\alpha z}$ 和 $e^{\alpha z}$,如式(1.24)所示。显然,在有耗介质中传播的电磁波仍然会向前和向后传播,向前传播的电磁波的电场振幅和磁场振幅分别为 $E_m^+ e^{-\alpha z}$ 和 $(E_m^+ / \eta) e^{-\alpha z}$,电场振幅和磁场振幅随着传播距离 z 的增加而减小(传播方向为 z 轴正方向),在某一固定时刻是关于 z 的函数。类似地,向后传播的电磁波电场振幅和磁场振幅分别为 $E_m^- e^{\alpha z}$ 和 $(E_m^- / \eta) e^{\alpha z}$,电磁波沿 $-z$ 轴方向传播,也随着传播距离 z 的减小而减小(传播方向为 z 轴的负方向)。均匀平面电磁波在无耗介质和有耗介质中传播的第二个不同点是有耗介质的本征阻抗具有非零的相位角,即 $\theta_\eta \neq 0$,而无耗介质则是 $\theta_\eta = 0$。在无耗介质中,向前传播的电磁波的电场和磁场与向后传播的电磁波的电场和磁场一样,在时域中相位相同。然而,对于阻抗角为 θ_η 的有耗介质而言,每个行波的电场和磁场在时域中的相位都相差 θ_η。

弱导电介质和良导体均属于有耗介质。弱导电介质是一种良好的但非理想的绝缘体,其等效电导率 σ 不为 0,并且与介电常数 ε 满足关系式 $\frac{\sigma}{(\omega\varepsilon)} \ll 1$。在此条件下,式(1.36)中的传播常数 γ 可以改写为

$$\gamma = \alpha + j\beta = j\omega\sqrt{\mu\varepsilon'}\left[1 - j\frac{\varepsilon''}{2\varepsilon'} + \frac{1}{8}\left(\frac{\varepsilon''}{\varepsilon'}\right)^2\right] \tag{1.46}$$

根据式(1.46)可以推出衰减常数和相位常数为

$$\alpha = \frac{\omega\varepsilon''}{2}\sqrt{\frac{\mu}{\varepsilon'}} \tag{1.47}$$

$$\beta = \omega\sqrt{\mu\varepsilon'}\left[1 + \frac{1}{8}\left(\frac{\varepsilon''}{\varepsilon'}\right)^2\right] \tag{1.48}$$

推导出的弱导电介质的衰减常数 α 是正数,且与频率近似成正比。弱导电介质的相位常数与无损耗电介质的相位常数差别很小。

弱导电介质的本征阻抗是复数,可以写为

$$\eta_c = \sqrt{\frac{\mu}{\varepsilon'}} \left(1 - j\frac{\varepsilon''}{\varepsilon'}\right)^{-\frac{1}{2}} \approx \sqrt{\frac{\mu}{\varepsilon'}} \left(1 + j\frac{\varepsilon''}{2\varepsilon'}\right) \tag{1.49}$$

因为本征阻抗是均匀平面波的电场和磁场的比值,所以在有耗电介质中,电场强度和磁场强度不同相。类似于式(1.41),根据式(1.47)可以求出弱导电介质中的均匀平面波相速度为

$$v_p = \frac{\omega}{\beta} \approx \frac{1}{\sqrt{\mu\varepsilon'}} \left[1 - \frac{1}{8}\left(\frac{\varepsilon''}{\varepsilon'}\right)^2\right] \tag{1.50}$$

良导体是指 $\dfrac{\sigma}{(\omega\varepsilon_c)} \gg 1$ 的介质。在传播介质为良导体的情况下,传播常数可以改写为

$$\gamma = \alpha + j\beta \approx j\omega\sqrt{\mu\varepsilon}\sqrt{\frac{\sigma}{j\omega\varepsilon}} = \sqrt{j}\sqrt{\omega\mu\sigma} = \frac{1+j}{\sqrt{2}}\sqrt{\omega\mu\sigma} = (1+j)\sqrt{\pi f\mu\sigma} \tag{1.51}$$

式(1.51)表明,良导体的衰减常数 α 和相位常数 β 是近似相等的,并且都随频率 f 和导电率 σ 的增大而增大。良导体的衰减常数 α 和相位常数 β 可以写为

$$\alpha = \beta = \sqrt{\pi f\mu\sigma} \tag{1.52}$$

良导体的本征阻抗为

$$\eta_c = \sqrt{\frac{\mu}{\varepsilon_c}} \approx \sqrt{\frac{j\omega\mu}{\sigma}} = (1+j)\frac{\alpha}{\sigma} \tag{1.53}$$

良导体中的均匀平面波相速度为

$$v_p = \frac{\omega}{\beta} \approx \sqrt{\frac{2\omega}{\mu\sigma}} \tag{1.54}$$

式中的相速度 v_p 与频率 f 和电导率 σ 成正比。以良导体铜为例:$\sigma = 5.8 \times 10^7$ S/m, $\mu = 4\pi \times 10^{-7}$ H/m。当频率为 1 MHz 时,$v_p = 240$ m/s,约为空气中声速的两倍,比空气中的光速要慢几个数量级。良导体中平面波的波长为

$$\lambda = \frac{2\pi}{\beta} = \frac{v_p}{f} = 2\sqrt{\frac{\pi}{f\mu\sigma}} \tag{1.55}$$

在高频下,良导体的衰减常数 α 特别大。由于衰减因子为 $e^{-\alpha z}$,当波传播的距离 $\delta = 1/\alpha$ 时,振幅将以 $e^{-1} = 0.368$ 的因子衰减。对于良导体铜而言,频率为 10 GHz 的均匀平面波在铜内传播,δ 仅为 0.66 μm,这是一个非常小的距离。因此,高频电磁波在良导体中传播时,衰减得非常快。这个距离 δ 称为导体的趋肤深度或穿透深度。

$$\delta = \frac{1}{\alpha} = \frac{1}{\sqrt{\pi f\mu\sigma}} \tag{1.56}$$

对于良导体而言,衰减常数 α 与相位常数 β 相等,则趋肤深度 δ 也可写成

$$\delta = \frac{1}{\beta} = \frac{\lambda}{2\pi} \tag{1.57}$$

微波频率下,良导体的趋肤深度或穿透深度太小,以致实际中可认为场和电流仅存在于良导体表面很薄的层(趋肤层)。

1.2　反射、绕射与散射现象

无线电波在传播过程中,除了直接传播外,遇到障碍物(如山丘、森林、地面或楼房等

高大建筑物)还会产生反射、绕射和散射,如图 1-8 所示。当发射电磁波照射到比载波波长大的平面物体上时首先会发生反射;当发射的电磁波照射到物体的不规则突出表面的边缘时会发生绕射;而当发射的电磁波照射到比载波波长小的物体上时会发生散射。因此,到达接收天线的电磁波不仅有直射波,还有反射波、绕射波、透射波,这种现象就叫多径传输。

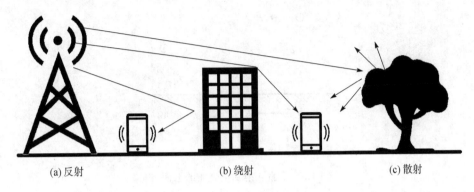

(a)反射　　　　　　　　　　(b)绕射　　　　　　　　　　(c)散射

图 1.8　反射、绕射和散射

1.2.1　反射现象

无线电波在传播过程中,遇到障碍物会发生反射。对于移动通信,反射构成了无线电波传播的主要机制。发生反射时,反射波的强度小于入射波的强度,两者的比值称为反射面的反射系数。反射系数不仅取决于反射面的电导率、介电常数和厚度,也取决于入射波的频率、入射角和极化方向。对于无线电通信,良导体是较为理想的反射面,介质是非理想的反射面。如果平面波入射到理想电介质的表面,则一部分能量进入第二介质中,一部分能量被反射回第一介质中,没有能量损耗。如果第二介质是理想导体,则所有的入射能量都能被反射回第一介质,同样也没有能量损失。在求反射信号强度时,我们必须考虑反射面的光滑度。反射面的光滑度是相对于入射波的波长而言的,许多看起来或摸起来比较粗糙的表面,相对于无线电波来说,却是"光滑"的。而且,如果入射角为 90°,粗糙表面就可以当作光滑表面处理,这是因为粗糙度是与波传播方向相垂直方向上表面高度的变化量。当表面光滑时,平面反射会引起"相长"和"相消"两种干涉现象。注意,此处的"干涉"指的是直接从发射点传播到接收点的波和经反射面反射后的波,两者之间的干涉。这两个波的频率相同,但相位不同,因此,两波相加时,场强会出现增加("相长"干涉)和相互抵消("相消"干涉)现象,从而形成一个驻波。

1. 介质中的反射

当电磁波入射到电介质表面时,该电介质的本征阻抗与产生电磁波的介质的本征阻抗不同,因而一部分入射功率被反射,另一部分发生透射。本小节中将分别考虑平面波垂直入射到电介质和斜入射到电介质两种情况。

1) 平面波垂直入射到电介质

图 1.9 是平面波垂直入射到电介质时的情况,图中的平面入射波沿 +z 轴方向传播,两种介质的边界面为 $z=0$ 的平面,需要注意的是在介质 1 中 z 为负值。入射波的电场强度和磁场强度的表达式可以写为

$$\boldsymbol{E}_i(z) = \boldsymbol{a}_x E_{i0} \mathrm{e}^{-\mathrm{j}\beta_1 z} \tag{1.58}$$

$$\boldsymbol{H}_i(z) = \boldsymbol{a}_y \frac{E_{i0}}{\eta_1} \mathrm{e}^{-\mathrm{j}\beta_1 z} \tag{1.59}$$

式中的 E_{i0} 为入射电场在 $z=0$ 处的电场强度的大小，β_1 和 η_1 分别为介质 1 的相位常数和本征阻抗。

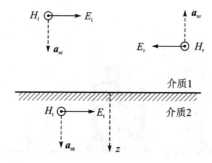

图 1.9　垂直入射到电介质的平面波

　　因为介质 1 与介质 2 在 $z=0$ 处是不连续的，所以入射平面波的一部分反射回介质 1，另一部分透射入介质 2 中。对于反射波，电场强度和磁场强度的表达式可以写为

$$\boldsymbol{E}_r(z) = \boldsymbol{a}_x E_{r0} \mathrm{e}^{\mathrm{j}\beta_1 z} \tag{1.60}$$

$$\boldsymbol{H}_r(z) = (-\boldsymbol{a}_z) \times \frac{1}{\eta_1} \boldsymbol{E}_r(z) = -\boldsymbol{a}_y \frac{1}{\eta_1} E_{r0} \mathrm{e}^{\mathrm{j}\beta_1 z} \tag{1.61}$$

式中的 E_{r0} 为反射电场在 $z=0$ 处的电场强度的大小。对于透射波，电场强度和磁场强度的表达式可以写为

$$\boldsymbol{E}_t(z) = \boldsymbol{a}_x E_{t0} \mathrm{e}^{-\mathrm{j}\beta_2 z} \tag{1.62}$$

$$\boldsymbol{H}_t(z) = \boldsymbol{a}_z \times \frac{1}{\eta_2} \boldsymbol{E}_t(z) = \boldsymbol{a}_y \frac{1}{\eta_1} E_{t0} \mathrm{e}^{-\mathrm{j}\beta_2 z} \tag{1.63}$$

同样，式中的 E_{t0} 为透射电场在 $z=0$ 处的电场强度的大小，β_2 和 η_2 分别为介质 2 的相位常数和本征阻抗。

　　根据电磁场在不同介质分界面处的边界条件，可以求出入射场和反射场的振幅值。在电介质的分界面 $z=0$ 处，电场强度和磁场强度的切向分量是连续的：

$$E_{i0} + E_{r0} = E_{t0} \tag{1.64}$$

$$\frac{1}{\eta_1}(E_{i0} - E_{r0}) = \frac{E_{t0}}{\eta_2} \tag{1.65}$$

进一步可以求得

$$E_{r0} = \frac{\eta_2 - \eta_1}{\eta_2 + \eta_1} E_{i0} \tag{1.66}$$

$$E_{t0} = \frac{2\eta_2}{\eta_2 + \eta_1} E_{i0} \tag{1.67}$$

反射系数和透射系数分别由反射场和透射场与入射场的比率来进行表示，根据介质的本征阻抗可以分别写为

$$\Gamma = \frac{E_{r0}}{E_{i0}} = \frac{\eta_2 - \eta_1}{\eta_2 + \eta_1} \tag{1.68}$$

$$\tau = \frac{E_{t0}}{E_{i0}} = \frac{2\eta_2}{\eta_2 + \eta_1} \tag{1.69}$$

式中的反射系数 Γ 可以为正也可以为负，这取决于介质 1 和介质 2 的本征阻抗大小。透射系数 τ 始终为正。电介质为有耗介质时，介质的本征阻抗为复数。也就是说一般情况下，反射系数 Γ 和透射系数 τ 可能都是复数。复数 Γ（或 τ）意味着在分界面上对反射（透射）波会引入相移。反射系数和透射系数之间的关系可以表示为

$$\Gamma + 1 = \tau \tag{1.70}$$

入射波从介质 1 入射到介质 2 后，部分入射波被反射回介质 1，所以介质 1 中的总电场可以写为

$$\begin{aligned}
\boldsymbol{E}_1(z) &= \boldsymbol{E}_i(z) + \boldsymbol{E}_r(z) = \boldsymbol{a}_x E_{i0}(\mathrm{e}^{-\mathrm{j}\beta_1 z} + \Gamma \mathrm{e}^{\mathrm{j}\beta_1 z}) \\
&= \boldsymbol{a}_x E_{i0}[(1+\Gamma)\mathrm{e}^{-\mathrm{j}\beta_1 z} + \Gamma(\mathrm{e}^{\mathrm{j}\beta_1 z} - \mathrm{e}^{-\mathrm{j}\beta_1 z})] \\
&= \boldsymbol{a}_x E_{i0}[(1+\Gamma)\mathrm{e}^{-\mathrm{j}\beta_1 z} + \Gamma(\mathrm{j}2\sin\beta_1 z)] \\
&= \boldsymbol{a}_x E_{i0}[\tau \mathrm{e}^{-\mathrm{j}\beta_1 z} + \Gamma(\mathrm{j}2\sin\beta_1 z)]
\end{aligned} \tag{1.71}$$

由式 (1.71) 可见，介质 1 中的电场由两部分组成：振幅为 τE_{i0} 的行波和振幅为 $2\Gamma E_{i0}$ 的驻波。因为行波的存在，所以介质 1 中的电场在离分界面一定距离处并不趋近于 0，只有最大值和最小值的位置。对于无损耗介质，η_1 和 η_2 是实数，这使得反射系数 Γ 和透射系数 τ 也为实数。因为反射系数 Γ 可正可负，所以需要考虑下面两种情况：

(1) 当反射系数 $\Gamma > 0(\eta_1 < \eta_2)$ 时，$|\boldsymbol{E}_1(z)|$ 在 $2\beta_1 z_{max} = -2n\pi (n=0,1,2,\cdots)$ 处取得最大值 $|\boldsymbol{E}_1(z)|_{max} = E_{i0}(1-\Gamma)$，在 $2\beta_1 z_{min} = -(2n+1)\pi (n=0,1,2,\cdots)$ 处取得最小值 $|\boldsymbol{E}_1(z)|_{min} = E_{i0}(1+\Gamma)$。

(2) 当反射系数 $\Gamma < 0(\eta_1 > \eta_2)$ 时，$|\boldsymbol{E}_1(z)|$ 在 $2\beta_1 z_{min} = -2n\pi (n=0,1,2,\cdots)$ 处取得最小值 $|\boldsymbol{E}_1(z)|_{min} = E_{i0}(1-\Gamma)$，在 $2\beta_1 z_{max} = -(2n+1)\pi (n=0,1,2,\cdots)$ 处取得最小值 $|\boldsymbol{E}_1(z)|_{max} = E_{i0}(1+\Gamma)$。换句话说，当 $\Gamma > 0(\eta_1 < \eta_2)$ 和 $\Gamma < 0(\eta_1 > \eta_2)$ 时，$|\boldsymbol{E}_1(z)|_{max}$ 和 $|\boldsymbol{E}_1(z)|_{min}$ 的位置正好互换。

驻波的电场强度的最大值与最小值的比值为驻波比 (SWR)，可以写为

$$S = \frac{|E|_{max}}{|E|_{min}} = \frac{1+|\Gamma|}{1-|\Gamma|} \tag{1.72}$$

逆关系可以写为

$$|\Gamma| = \frac{S-1}{S+1} \tag{1.73}$$

根据式 (1.72) 和式 (1.73) 可以得出结论：当反射系数的取值在 $-1 \sim +1$ 之间时，电压驻波比 S 的值从 1 变化到无穷大。

根据入射平面波电场与磁场的关系，可以求得介质 1 中的磁场强度：

$$\boldsymbol{H}_1(z) = \boldsymbol{a}_y \frac{E_{i0}}{\eta_1}(\mathrm{e}^{-\mathrm{j}\beta_1 z} - \Gamma \mathrm{e}^{\mathrm{j}\beta_1 z}) \tag{1.74}$$

介质 1 中的磁场与介质 1 中的电场进行比较，在无损耗介质中，电场的幅度最大时，磁场的幅度最小。

2) 平面波斜入射到电介质

如图 1.10 所示，平面波斜入射到电介质表面，设电波入射角的余角为 θ_i，两种介质的

分界面是平面。电波的一部分能量以反射角 θ_r 反射回第一介质,另一部分能量以折射角的余角 θ_t 的方向在第二介质中传输。透射角和反射角与电磁波在介质 1 和介质 2 中传播的相速度有关,关系式如下:

$$\frac{\sin\theta_t}{\sin\theta_i} = \frac{v_{p2}}{v_{p1}} = \frac{\beta_1}{\beta_2} = \frac{n_1}{n_2} \tag{1.75}$$

式中,n_1 和 n_2 分别是介质 1 和介质 2 的折射率。介质的折射率是电磁波在真空中的传播速度与在介质中的传播速度之比,也就是 $n = c/v$。式(1.76)也被称为斯涅尔折射(透射)定律。斯涅尔定律表明,在两个电介质的分界面,介质 2 中折射角(或透射角)的正弦值与介质 1 中入射角的正弦值之比等于它们折射率的倒数,即 n_1/n_2。分析电波的入射波、反射波和折射波的路径,可以得出斯涅尔反射定律和斯涅尔折射定律。因为没有提到波极化,因此斯涅尔定律与电磁波极化无关。

电磁波的反射特性随电场极化方向的变化也会发生变化。根据电场的方向与入射面的关系,可将电磁波分为平行极化波和垂直极化波。入射面定义为电磁波入射线与分界面法线所构成的平面。在图 1.10(a)中,电场的方向平行于入射面,则电磁波为平行极化波;在图 1.10(b)中,电场的方向垂直于入射面,则电磁波为垂直极化波。

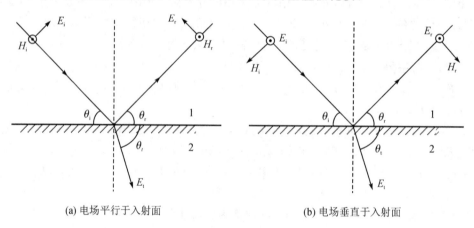

(a) 电场平行于入射面　　　　　　　　　(b) 电场垂直于入射面

图 1.10　平面波斜入射到介质表面示意图

如果采用叠加法,则仅需考虑两个正交极化分量。在介质边界处,垂直和平行两种极化波的反射系数如下:

平行极化波,即电场平行于入射平面:

$$\Gamma_{/\!/} = \frac{E_r}{E_i} = \frac{\eta_2 \sin\theta_t - \eta_1 \sin\theta_i}{\eta_2 \sin\theta_t + \eta_1 \sin\theta_i} \tag{1.76}$$

垂直极化波,即电场垂直于入射平面:

$$\Gamma_\perp = \frac{E_r}{E_i} = \frac{\eta_2 \sin\theta_i - \eta_1 \sin\theta_t}{\eta_2 \sin\theta_i + \eta_1 \sin\theta_t} \tag{1.77}$$

式中,η_1 和 η_2 为介质 1 和介质 2 的固有阻抗,也可以看作是特定介质中平面波的电场与磁场的比值。

在介质 1 是自由空间且介质 1 和介质 2 的磁导率满足 $\mu_1 = \mu_2$ 时,平行极化波和垂直极化波的反射系数可以简化为

$$\Gamma_{/\!/} = \frac{-\varepsilon_r \sin\theta_i + \sqrt{\varepsilon_r - \cos^2\theta_i}}{\varepsilon_r \sin\theta_i + \sqrt{\varepsilon_r - \cos^2\theta_i}} \tag{1.78}$$

$$\Gamma_{\perp} = \frac{\sin\theta_i - \sqrt{\varepsilon_r - \cos^2\theta_i}}{\sin\theta_i + \sqrt{\varepsilon_r - \cos^2\theta_i}} \tag{1.79}$$

对于椭圆极化波,电场可分为水平和垂直两个分量,先分别求出水平分量和垂直分量的反射波及透射波,再进行叠加。一般情况下,空间坐标的水平轴和垂直轴方向与电场的极化方向不一致。另外,当入射波向地面传输时,不管极化情况或地面电介质的性质如何,都可将地面近似为具有均匀反射系数的理想反射体。

如果介质 1 是自由空间,介质 2 是电介质,不论介质 2 的介电常数 ε_r 是多少,入射角接近 $0°$ 时,平行极化反射系数和垂直极化反射系数都接近于 1。将入射角 $\theta_i = 0$ 代入式(1.78)和式(1.79),可以证明:

$$\Gamma_{/\!/} = \frac{-\varepsilon_r \sin 0 + \sqrt{\varepsilon_r - \cos^2 0}}{\varepsilon_r \sin 0 + \sqrt{\varepsilon_r - \cos^2 0}} = \frac{\sqrt{\varepsilon_r - 1}}{\sqrt{\varepsilon_r - 1}} = 1 \tag{1.80}$$

$$\Gamma_{\perp} = \frac{\sin 0 - \sqrt{\varepsilon_r - \cos^2 0}}{\sin 0 + \sqrt{\varepsilon_r - \cos^2 0}} = \frac{-\sqrt{\varepsilon_r - 1}}{\sqrt{\varepsilon_r - 1}} = -1 \tag{1.81}$$

如图 1.11 所示,平行极化电磁波投射到分界面上而没有发生反射波时的入射角称为布儒斯特角,即平行极化电磁波发生全透射时的入射角。此时平行极化反射系数为 0。当垂直极化波以布儒斯特角入射时,产生的反射波与入射波之间的夹角为 $90°$。布儒斯特角 θ_B 满足:

$$\sin\theta_B = \frac{\sqrt{\varepsilon_1}}{\sqrt{\varepsilon_1 + \varepsilon_2}} \tag{1.82}$$

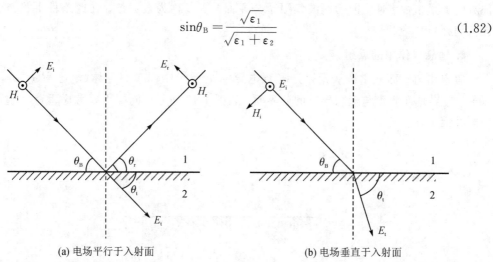

(a) 电场平行于入射面　　　　　　　　　　　　(b) 电场垂直于入射面

图 1.11　布儒斯特角定义示意图

当介质 1 为自由空间,介质 2 的相对介电常数为 ε_r 时,式(1.82)可表示为

$$\sin\theta_B = \frac{\sqrt{\varepsilon_r - 1}}{\sqrt{\varepsilon_r^2 - 1}} \tag{1.83}$$

注意:只有入射波为垂直极化波,且入射角为布儒斯特角时,反射系数才为 0,发生全透射。

当介质 1 的介电常数 ε_1 大于介质 2 的介电常数 ε_2，即当电磁波从介质 1 入射到密度较低的介质 2 时，根据斯涅尔定律，透射角是大于入射角的。如图 1.12 所示，由于透射角随着入射角的增大而增大，因此当透射角为 $\pi/2$ 时，折射波会以透射角为 $\pi/2$ 沿介质分界面进行传播，形成表面波。当入射角再继续变大时，将不会产生折射波，因此可以说入射波被完全反射。这时的入射角 θ_c 被称为临界角。令透射角 $\theta_t = \pi/2$，根据斯涅尔定律可以推出临界角的表达式：

$$\sin\theta_c = \frac{\sqrt{\varepsilon_2}}{\sqrt{\varepsilon_1}} \tag{1.84}$$

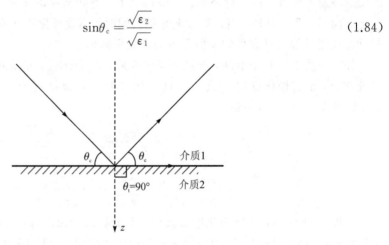

图 1.12　全反射临界角

如果入射角大于临界角，沿介质分界面会产生一个瞬逝波，这种波在介质分界面的法向方向上呈指数衰减。因为此波仅限于分界面，所以称为表面波。在此条件下没有功率被传播到介质 2 中。

2. 理想导体中的反射

假定均匀平面电磁波从无耗介质 1（电导率 $\sigma_1 = 0$）中向理想导体（电导率 $\sigma_2 = \infty$）表面入射，边界是介质 1 与理想导体的分界面，如图 1.13 所示。同样需要考虑垂直入射和斜入射两种情况。

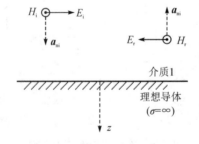

图 1.13　垂直入射理想导体

1）垂直入射

当均匀平面电磁波向理想导体垂直入射时，入射电场强度和磁场强度表达式与式 (1.58) 和式 (1.59) 一致。在理想导体中，电场和磁场均为 0，即能量没有通过边界传到理想导体中。介质 1 中的总电场强度 $\boldsymbol{E}_1$ 为入射电场强度 $\boldsymbol{E}_i$ 与反射电场强度 $\boldsymbol{E}_r$ 之和。根据边界条件，分界面处电场的切向分量是连续的：

$$E_1(0) = a_x(E_{i0} + E_{r0}) = E_2(0) = 0 \tag{1.85}$$

所以反射波与入射波的幅度 E_{r0} 和 E_{i0} 是相等的。介质 1 中的电场强度可以写为

$$
\begin{aligned}
E_1(z) &= a_x(E_{i0}\mathrm{e}^{-\mathrm{j}\beta_1 z} - E_{r0}\mathrm{e}^{\mathrm{j}\beta_1 z}) \\
&= a_x E_{i0}(\mathrm{e}^{-\mathrm{j}\beta_1 z} - \mathrm{e}^{\mathrm{j}\beta_1 z}) \\
&= -a_x \mathrm{j}2E_{i0}\sin\beta_1 z
\end{aligned}
\tag{1.86}
$$

根据介质 1 中的电场表达式可以写出与其相伴的磁场强度：

$$H_1(z) = -a_y 2\frac{E_{i0}}{\eta_1}\cos\beta_1 z \tag{1.87}$$

将介质 1 中的电场强度 E_1 和磁场强度 H_1 写为对应的瞬时表达式：

$$E_1(z,\ t) = a_x 2E_{i0}\sin\beta_1 z\sin\omega t \tag{1.88}$$

$$H_1(z,\ t) = a_y 2\frac{E_{i0}}{\eta_1}\cos\beta_1 z\cos\omega t \tag{1.89}$$

　　根据上述的瞬时表达式可以轻松求出介质 1 中的电场和磁场的零值和最大值。当 $\beta_1 z = -n\pi$ 或 $z = -n\lambda/2(n=0,1,2,\cdots)$ 时，电场 E_1 有零值，磁场 H_1 获得最大值；当 $\beta_1 z = -(2n+1)\pi/2$ 或 $z = -(2n+1)\lambda/4(n=0,1,2,\cdots)$ 时，电场 E_1 有最大值，磁场 H_1 获得最小值。介质 1 中的合成波不是行波，而是驻波，是两个沿相反方向传播的行波（入射波和反射波）的叠加。对于特定的时间，电场和磁场随离边界面的距离呈正弦变化。

　　如图 1.14 所示，对于合成的驻波需要注意以下三点：① 在导体边界或在与边界的距离为 $\lambda/2$ 倍数的点处，电场 E_1 为零；② 在导体边界上磁场 H_1 有最大值（$H_{r0} = H_{i0} = E_{i0}/\eta_1$）；③ 电场 E_1 和磁场 H_1 的驻波在时间上有 $\pi/2$ 的相移（相位差为 $90°$），在空间上二者又相差 $\lambda/4$。

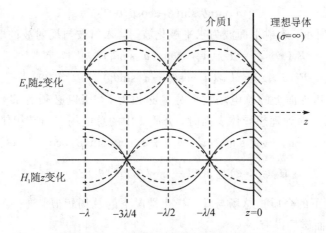

图 1.14　垂直入射理想导体产生的驻波反射波

2）斜入射

　　均匀平面波斜入射到理想导体平面时，反射波的特性取决于入射波的极化方向。为了确定入射电场 E_i 的方向，将入射面定义为入射波传播方向的矢量与边界面的法线构成的平面。因为沿任意方向极化的入射电场 E_i 总可以分解成水平极化和垂直极化，将这两种分量叠加就得到了一般情况。

　　如图 1.15(a) 所示，入射平面波为垂直极化波时，入射波与反射波的电场可以分别写为

$$\boldsymbol{E}_i(x, z) = \boldsymbol{a}_y E_{i0} \mathrm{e}^{-\mathrm{j}\beta_1 (x\sin\theta_i + z\cos\theta_i)} \tag{1.90}$$

$$\boldsymbol{E}_r(x, z) = \boldsymbol{a}_y E_{i0} \mathrm{e}^{-\mathrm{j}\beta_1 (x\sin\theta_r + z\cos\theta_r)} \tag{1.91}$$

因为在边界面上的总电场强度为 0,所以有

$$\boldsymbol{E}_1(x, 0) = \boldsymbol{E}_i(x, 0) + \boldsymbol{E}_r(x, 0) = 0 \tag{1.92}$$

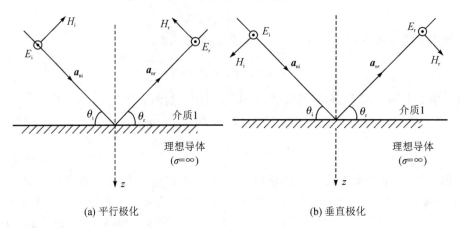

(a) 平行极化　　　　　　　　　　　　　　　　(b) 垂直极化

图 1.15　斜入射理想导体示意图

为了使式(1.92)对所有 x 值都成立,必须有 $E_{r0} = -E_{i0}$ 和匹配的相位项,即入射角要始终等于反射角。介质 1 中的总电场和与其相伴的磁场可以写为

$$\boldsymbol{E}_1(x, z) = -\boldsymbol{a}_y \mathrm{j}2E_{i0}\sin(\beta_1 z\cos\theta_i)\mathrm{e}^{-\mathrm{j}\beta_1 x\sin\theta_i} \tag{1.93}$$

$$\boldsymbol{H}_1(x, z) = -2\frac{E_{i0}}{\eta_1}\big[\boldsymbol{a}_x \cos\theta_i \cos(\beta_1 z\cos\theta_i)\mathrm{e}^{-\mathrm{j}\beta_1 x\sin\theta_i} +$$

$$\boldsymbol{a}_z \mathrm{j}\sin\theta_i \sin(\beta_1 z\cos\theta_i)\mathrm{e}^{-\mathrm{j}\beta_1 x\sin\theta_i}\big] \tag{1.94}$$

如图 1.15(b)所示,入射平面波为水平极化波时,入射波与反射波的电场可以分别写为

$$\boldsymbol{E}_i(x, z) = E_{i0}(\boldsymbol{a}_x \cos\theta_i - \boldsymbol{a}_z \sin\theta_i)\mathrm{e}^{-\mathrm{j}\beta_1 (x\sin\theta_i + z\cos\theta_i)} \tag{1.95}$$

$$\boldsymbol{E}_r(x, z) = E_{i0}(\boldsymbol{a}_x \cos\theta_r - \boldsymbol{a}_z \sin\theta_r)\mathrm{e}^{-\mathrm{j}\beta_1 (x\sin\theta_r - z\cos\theta_r)} \tag{1.96}$$

同样,因为在边界面上的总电场切向分量必须为 0,所以必须有 $E_{r0} = -E_{i0}$,$\theta_i = \theta_r$。平行极化平面波斜入射到理想导体表面时,介质 1 中的总电场和与其相伴的磁场可以写为

$$\boldsymbol{E}_1(x, z) = -2E_{i0}\big[\boldsymbol{a}_x \mathrm{j}\cos\theta_i \sin(\beta_1 z\cos\theta_i) + \boldsymbol{a}_z \sin\theta_i \sin(\beta_1 z\cos\theta_i)\big]\mathrm{e}^{-\mathrm{j}\beta_1 x\sin\theta_i} \tag{1.97}$$

$$\boldsymbol{H}_1(x, z) = \boldsymbol{a}_y 2\frac{E_{i0}}{\eta_1}\cos(\beta_1 z\cos\theta_i)\mathrm{e}^{-\mathrm{j}\beta_1 x\sin\theta_i} \tag{1.98}$$

水平极化情况下的介质 1 总场与垂直极化情况下的总场相似,唯一不同的是电场存在 x 分量和 z 分量,而磁场没有。

1.2.2　绕射现象

电波绕过障碍物,进入障碍物阴影区域的现象称为绕射。尽管障碍物的阻挡使电波在接收点的场强迅速衰减,但是绕射场依然存在并且常常具有足够大的场强。绕射现象可用惠更斯原理来解释,惠更斯原理认为所有的波前点都可作为产生次级波的点源,这些次级波叠加起来形成传播方向上的新的波前。绕射由次级波传播进入阴影区而形成。在围绕障碍物的空间中,阴影区绕射波的场强是所有次级波电场部分的矢量和。在移动通信系统中,

对次级波的阻挡产生了绕射损耗，仅有一部分能量绕过障碍物。也就是说，障碍物使一些次级波被阻挡了。一般情况下，精确估计绕射损耗是不可能的，所以可在电波传播绕射损耗的预测中采用理论近似加上必要的经验修正的方法。实际中最简单的绕射现象分析都需要大量的数学计算，估算绕射信号较为容易的求解方法是进行近似处理。下面将介绍一些简单情况的绕射损耗模型。

1. 刃峰绕射

假设障碍物是一个理想的"刃峰"（没有厚度），一个均匀平面波（比如，位于远处的源辐射的电磁波）入射到"刃峰"上，"刃峰"所在平面与波的传播方向垂直。我们可以计算出障碍物阴影中的场强与自由空间中场强的比值，该比值称为绕射损耗。绕射损耗与波的传播路径和工作频率有关，可以把所有的影响利用菲涅耳参数来表示。

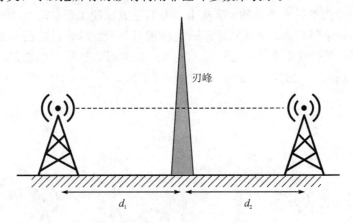

图 1.16 "刃峰"绕射示意图

根据图 1.16 所示的"刃峰"绕射示意图，菲涅耳参数 ν 可以表示为

$$\nu = h\sqrt{\frac{2}{\lambda}\left(\frac{1}{d_1}+\frac{1}{d_2}\right)} \tag{1.99}$$

绕射损耗是菲涅耳参数的函数，两者的关系十分复杂，尽管如此，当 $\nu > -0.7$ 时，绕射损耗可近似表示为

$$\text{loss} = 6.9 + 20\lg\left(\sqrt{(\nu-0.1)^2+1}+\nu-0.1\right) \tag{1.100}$$

式(1.100)揭示了几个有意义的初步结果：

(1) "掠入射"条件下，即当 $h=0$ 时，菲涅耳参数 $\nu=0$，绕射损耗近似等于 6 dB。这意味着：当接收点位于阴影边缘且未进入阴影区域时，信号能量将会降低 6 dB。

(2) 当菲涅耳参数 $\nu \approx -0.8$（h 是负值）时，绕射损耗近似等于零，此时障碍物的边缘影响可以忽略。

当接收点位于阴影深处时，ν 值将变得很大，当 $\nu > 1.5$ 时，绕射损耗近似为

$$\text{loss} = 13 + 20\lg\nu \tag{1.101}$$

由式(1.99)可知，菲涅耳参数 ν 与高度 h 成正比，与波长 λ 的平方根成反比，则 ν 与频率的平方根 $\sqrt{f}$ 成正比。当其他值不变时，频率越高，菲涅耳参数越大。在阴影深处，绕射损耗以 $20\lg\nu$ 的趋势增长。这就意味着绕射损耗随频率呈 $10\lg f$ 增长，因此，如果频率增大 2 倍，阴影深处的绕射损耗将会增加 3 dB；如果频率增大 100 倍，绕射损耗将会增加

20 dB。这说明：波长越长，波的绕射越明显，越容易进入障碍物的阴影区域。

需要注意的是，当发射机与接收机之间的连线刚好位于障碍物顶端时，菲涅耳参数 $\nu=0$，此时绕射损耗在所有频率上等于 6 dB。在设计点对点的视距传播时，即使发射机与接收机处于相互可以"看得见"的位置，此时的绕射损耗也不一定为零。要使绕射损耗等于零，$\nu\approx-0.8$。通常，当 $\nu<-0.8$（或 -1.0）时，可以不考虑绕射损耗的影响。

2. 多峰绕射

在很多情况下，特别是在山区，传播路径上存在不止一个障碍物，这样，所有障碍物引起的绕射损耗都必须计算，如图 1.17 所示。如果在"刃峰"阴影处再放置一个障碍物，且接收点位于第二个"刃峰"障碍物的阴影中，情况将会变得十分复杂。由于第一个障碍物阴影中的场强随高度而增加，因此入射到第二个障碍物上的波是不均匀的。这就意味着，第二个障碍物引起的损耗是很难预测的。事实上，为了完成该项工作，需要计算二重菲涅耳积分方程。如果有 n 个障碍物，则需要计算 n 重菲涅耳积分。尽管目前已有很多针对该积分方程的求解方法，但过程非常复杂且计算量较大。最常用的三种多峰绕射求解方法分别是 Bullington 方法 Deygout 方法和 Epstein-Petersen 方法。

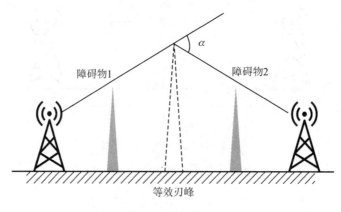

图 1.17　Bullington 模型等效单个"刃峰"

Bullington 方法：将实际的复杂障碍物等效为一个单"刃峰"，该"刃峰"位于发射机和接收机与各自区域内障碍物连线的交点处（障碍物位于从发射机或接收机看过去的最大角处）。

Epstein-Petersen 方法：将传播路径分成几段"跳数"，各段相互重叠，每一个"跳数"只涉及一个障碍物，总的损耗等于所有"跳数"产生的绕射损耗（dB 表示）之和。

Deygout 方法：本质上与 Epstein-Petersen 方法相同，但大多数情况下，它会给出不同的计算结果。首先，确定一个"主峰"，该"峰"单独存在时产生的绕射损耗最大，"主峰"将发射机与接收机之间的路径分为两段。在每段中，再确定一个"主峰"，如此循环下去，直到涵盖所有的障碍物。总的绕射损耗等于各段绕射损耗（dB 表示）之和。

然而，这三种常用的方法也存在不足之处。Epstein-Petersen 方法与 Deygout 方法引入的误差随着障碍物数量的增加而增大。尤其是当多个障碍物对齐放置时，这两种方法都会对绕射损耗进行过量估计。Bullington 方法实际上是将多个障碍物等效为一个障碍物进行分析，这样会忽略许多实际上会阻碍接收信号的因素。当利用上述方法对一个实际地形进行分析时，都会遇到一定的问题，因为实际地形并不具有理想的"刃峰"特征。

1.2.3 散射现象

当电磁波入射到一个粗糙表面上时,会发生波的散射。例如,类似树这样的物体会在所有的方向上散射能量,这样就能使电波传输到更远的地方,使接收点的信号增强。随着表面粗糙度的增加,相干反射会逐渐变成更加随机的散射。当粗糙度增加到一定程度时,即使表面的反射系数很大,散射信号的强度也会明显小于入射信号,因此,对于粗糙表面,短距离的信号强度快速变化现象不如光滑平面那么明显。远大于波长的平滑表面可建模成反射面,但表面的粗糙程度会对电波传播产生不同的影响,所以对于粗糙表面,反射系数需要乘以一个散射损耗系数 ρ_s,以代表减弱的反射场。粗糙表面凸起高度 h 如果是服从具有局部平均值的高斯(Gaussian)分布的随机变量,则 ρ_s 可以表示为

$$\rho_s = \exp\left[-8\left(\frac{\pi\sigma_h\sin\theta_i}{\lambda}\right)^2\right] \tag{1.102}$$

式中,σ_h 为表面凸起高度与平均表面高度的标准偏差。对推导出的散射损耗因子 ρ_s 进行进一步的修正,使其与测量结果更加一致:

$$\rho_s = \exp\left[-8\left(\frac{\pi\sigma_h\sin\theta_i}{\lambda}\right)^2\right]J_0\left[8\left(\frac{\pi\sigma_h\sin\theta_i}{\lambda}\right)^2\right] \tag{1.103}$$

式中,J_0 为第一类零阶贝塞尔(Bessel)函数。粗糙表面的修正反射系数可写为

$$\Gamma_{rough} = \rho_s\Gamma \tag{1.104}$$

在无线信道中,当较大的、远距离的物体引起散射时,该物体的位置对准确预测散射信号强度是非常有用的。散射体的雷达有效截面(RCS)定义为在接收机方向上散射信号的功率密度与入射波功率密度的比值。可用绕射几何理论和物理光学来分析散射场强。对城区移动无线系统,基于双基地雷达方程的模型可用于计算远地散射的接收场强。双基地雷达方程模型描述了波在自由空间中遇到较远散射物体后在接收方向上再次传播的情况:

$$P_R = P_T + G_T + 20\lg\lambda + RCS - 30\lg(4\pi) - 20\lg d_T - 20\lg d_R \tag{1.105}$$

式(1.105)中假设散射物体在发射机和接收机的远场夫琅和费(Fraunhofer)区,d_T 和 d_R 分别为散射物体到发射机和接收机的距离,单位是 km;P_R 为接收功率,单位是 dBm;P_T 为发射功率,单位是 dBm;G 为发射天线的方向性增益,单位是 dBi;RCS 的单位是 dBsm。变量 RCS 可由散射体表面面积(平方米)近似得到。该式可应用于计算发射机和接收机的远场散射,它对预测大物体(如建筑物)散射接收机功率非常有用。

1.3　自由空间中的电波传播

自由空间是指充满均匀、线性、各向同性理想介质的无限大空间。具体而言,自由空间中的相对介电常数和相对磁导率均恒为 1,电导率为零,即 $\varepsilon = \varepsilon_0$,$\mu = \mu_0$,$\sigma = 0$。其中 ε_0 和 μ_0 分别是真空中的介电常数和磁导率。在自由空间中,电波的传播是直线传播,电波传播速率等于光速 $c = 3 \times 10^8$ m/s。电波在自由空间中传播时,不会出现折射、绕射、反射、吸收和散射等现象,电波传播的损耗仅仅需要考虑由于电波的扩散而引起的损耗,而不需考虑边界条件。一个点波源在自由空间中所产生的电磁波是一球面波,当在远离点波源处,且我们的观察范围又不大时,所观察到的部分球面波实际上非常接近平面波,可以近似看

作平面波。在实际研究电波传播特性时，只要介质与障碍物对电波传播的影响可以忽略，电波传播就近似认为在自由空间中进行。

1.3.1　自由空间中的电波接收场强

如图 1.18 所示，假设电波的波源在 O 点处，它均匀地向外辐射，辐射功率为 P_{rad}，求距离天线为 d 的 M 点处的接收场强 E_0。

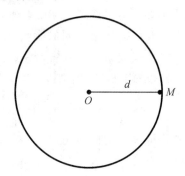

图 1.18　波源向外均匀辐射

距离天线 d 处的辐射场的功率密度可以写为

$$S = \frac{P_{rad}}{4\pi d^2} \quad (\text{W/m}^2) \tag{1.106}$$

d 较大时，可认为波源辐射的电磁波为均匀平面波。距离天线 d 处的电场强度 E_0 与磁场强度 H_0 的比值为 $\eta_0 = 120\pi$，电场与磁场的相位相同。若电场强度 E_0 与磁场强度 H_0 为有效值，则距离天线 d 处的辐射场的功率密度可以写为

$$S = E_0 H_0 = \frac{E_0^2}{120\pi} (\text{W/m}^2) \tag{1.107}$$

结合式(1.106)和式(1.107)，则距离天线 d 处的电场强度 E_0 可以推出：

$$E_0 = \frac{\sqrt{30 P_{rad}}}{d} \tag{1.108}$$

式中，E_0 的单位为伏每米(V/m)。因为在实际应用中，E_0 分贝值常用 dBμ 这个场强单位，所以 1 μV/m 为 0 dB。式(1.109)用分贝值表达式可以写为

$$E_0 = 74.77 + 10\lg P_{rad} - 20\lg d \tag{1.109}$$

其中 P_{total} 为辐射总功率，单位为 W；d 为距离，单位为 km。

如果使用方向性天线进行辐射，天线的方向性系数为 D，单位为 dB，则接收场强 E_0 可以写为

$$E_0 = 74.77 + 10\lg P_{rad} + D - 20\lg d \tag{1.110}$$

接收场强 E_0 的单位为 dBμ。当辐射天线效率为 1 时，则有天线的方向性和增益相等 $D = G$。因此，式(1.110)中的接收场强 E_0 还可以写为

$$E_0 = 74.77 + 10\lg P_{rad} + G - 20\lg d \tag{1.111}$$

使用半波振子作为辐射天线时，因为半波振子的方向性系数 $D = 2.15$ dB，所以距离天线 d(km)处的接收场强可以写为

$$E_0 = 76.92 + 10\lg P_{rad} - 20\lg d \tag{1.112}$$

根据上面接收场强 E_0 的表达式可见，接收场强与发射天线的辐射功率和距发射天线的距离有关，而与发射的频率无关。这是因为场强指的是接收天线位置处电波的能量，而与有无接收天线存在无关。

1.3.2　自由空间中的电波接收功率

电波在自由空间中传播距离 d 后到达接收天线处，假设接收天线同样是无方向性的，则在接收机输入端的接收功率可以表示为无方向性天线的有效面积与接收点处的能流密度的乘积：

$$P_A = SA_e = \frac{\lambda^2}{4\pi} \frac{E_0^2}{120\pi} = \frac{\lambda^2 E_0^2}{480\pi^2} \tag{1.113}$$

式中的 P_A 称为接收功率，A_e 为无方向性天线的有效面积，S 为接收点处的能流密度（如式(1.107)所示）。如果接收功率以 1 mW 为 0 dB 来取分贝值，则接收功率 P_A(dBm)可以表示为

$$P_A = -126.75 + E_0 + 20\lg\lambda \tag{1.114}$$

在式(1.114)中，若采用式(1.106)中的功率密度来进行计算，则接收功率可以写为

$$P_A = \frac{P_{rad}\lambda^2}{(4\pi d)^2} \tag{1.115}$$

如果发射天线和接收天线都为有向天线，方向性系数分别为 D_1 和 D_2，则接收功率可以写为

$$P_A = \frac{P_{rad}\lambda^2}{(4\pi d)^2} D_1 D_2 \tag{1.116}$$

1.3.3　自由空间中的路径损耗

在设计一条通信链路时，为了对发射机功率、天线增益、接收机灵敏度等各项技术指标提出合理要求，通常需要计算信道的传输损耗，用以衡量电波在自由空间传输过程中信号电平衰减的程度。在自由空间，传输损耗用自由空间中两个理想点源天线($D=1$)之间的传输损耗来定义，即自由空间传输损耗 L_0 定义为自由空间中全向发射天线的辐射功率 P_{rad} 与全向接收天线的接收功率 P_A 之比，即

$$L_0 = \frac{P_{rad}}{P_A} \tag{1.117}$$

根据式(1.116)和式(1.117)可以得到传输损耗为

$$L_0 = \left(\frac{4\pi d}{\lambda}\right)^2 \tag{1.118}$$

转化为分贝表达式：

$$L_0(\text{dB}) = 32.45 + 20\lg f + 20\lg d \tag{1.119}$$

式中，频率 f 的单位为 MHz，传播距离 d 的单位为 km。根据上述公式可以看出电波在自由空间中的路径损耗仅与频率和传播路径有关。自由空间是理想介质，是不会吸收电磁能量的。自由空间的传输损耗实际上是球面电磁波在传播过程中，随着传播距离的增大，能量自然扩散而引起的损耗，反映了球面波的扩散损耗。同时需要注意的是，使用上述公式时还要求收、发天线的极化要匹配。收、发天线极化失配会带来额外的损耗，称为极化损

耗。对于理想的线天线而言，极化损耗与两天线的极化方向的夹角的余弦的平方成正比。假如收、发天线都采用偶极子天线，当两天线的极化方向夹角为 45°时，极化损耗约为 −3 dB。

1.4　菲涅耳区

1.4.1　基尔霍夫积分

惠更斯原理认为波在传播过程中，行进中的波前（面）上的每一点都是一个进行二次辐射的球面波波源，而下一个波前（面）就是前一个波前（面）上无数个二次辐射波波面的包络面。因此从包围源的表面上发出的场可以看作这一表面所有的点辐射的球面波场的总和。基尔霍夫将格林第二恒等式表述为

$$\int_V (\psi \nabla^2 \varphi - \varphi \nabla^2 \psi)\, \mathrm{d}V = \int_S \left(\psi \frac{\partial \varphi}{\partial n} - \varphi \frac{\partial \psi}{\partial n} \right) \mathrm{d}S \tag{1.120}$$

式中，ψ 代表电场强度和磁场强度在直角坐标系中的各分量 E_x、E_y、E_z、H_x、H_y、H_z；φ 为标量格林函数，满足波动方程，解为离开波源的波，即 $\varphi = \mathrm{e}^{-\mathrm{j}kr}/r$。根据式（1.121）可以推导出任意观察点 R 处的场分量为

$$\psi(R) = \frac{1}{4\pi} \int_S \left(\psi \frac{\partial \varphi}{\partial n} - \varphi \frac{\partial \psi}{\partial n} \right) \mathrm{d}S \tag{1.121}$$

根据图 1.19，场源分布的封闭面 S 由两部分组成：平面 S_0 和半球面 S_∞。半球面的半径为 r_∞，球心位于平面 S_0 上，则 R 点处的场分量为

$$\psi(R) = \frac{1}{4\pi} \int_{S_0} \left(\psi \frac{\partial \varphi}{\partial n} - \varphi \frac{\partial \psi}{\partial n} \right) \mathrm{d}S + \frac{1}{4\pi} \int_{S_\infty} \left(\psi \frac{\partial \varphi}{\partial n} - \varphi \frac{\partial \psi}{\partial n} \right) \mathrm{d}S \tag{1.122}$$

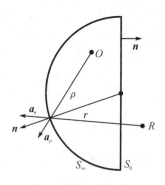

图 1.19　积分面 S 由 S_0 和 S_∞ 组成

先计算平面 S_0 部分，假设只有一个位于 O 点的电流元，ρ 为电流元到半球面的距离，r 为点 R 到平面的距离。$\boldsymbol{a}_r$ 和 $\boldsymbol{a}_\rho$ 分别为 r 和 ρ 的单位方向矢量。有下面等式：

$$\frac{\partial \varphi}{\partial \boldsymbol{n}} = \frac{\partial \varphi}{\partial r} \cos(\boldsymbol{n},\, \boldsymbol{a}_r) \tag{1.123}$$

$$\frac{\partial \psi}{\partial \boldsymbol{n}} = \frac{\partial \psi}{\partial \boldsymbol{\rho}} \cos(\boldsymbol{n},\, \boldsymbol{a}_\rho) \tag{1.124}$$

$$\frac{\partial \varphi}{\partial r} = \frac{\partial}{\partial r} \frac{e^{-jkr}}{r} = -jk \frac{e^{-jkr}}{r} \left(1 + \frac{1}{jkr}\right) \tag{1.125}$$

$$\frac{\partial \psi}{\partial \rho} = \frac{\partial}{\partial \rho} \frac{e^{-jk\rho}}{\rho} = -jk \frac{e^{-jk\rho}}{\rho} \left(1 + \frac{1}{jk\rho}\right) \tag{1.126}$$

如果球面 S_{∞} 的半径 r_{∞} 特别大，则有

$$\frac{\partial \psi}{\partial n} = -jk \frac{e^{-jk\rho}}{a_{\rho}} \cos(\boldsymbol{n}, \boldsymbol{a}_{\rho}) \tag{1.127}$$

当球面 S_{∞} 的半径 r_{∞} 趋向于无穷大时，平面 S_0 相当于一个无限大平面。此时球面上的场分量为 0：

$$\lim_{r_{\infty} \to \infty} \frac{1}{4\pi} \int_{S_{\infty}} \left(\psi \frac{\partial \varphi}{\partial n} - \varphi \frac{\partial \psi}{\partial n}\right) dS = 0 \tag{1.128}$$

R 点处的场分量仅为平面 S_0 上的场分量，式(1.121)可以改写为

$$\psi(R) = \frac{1}{4\pi} \int_{S_0} \left(\psi \frac{\partial \varphi}{\partial n} - \varphi \frac{\partial \psi}{\partial n}\right) dS \tag{1.129}$$

式(1.129)即为著名的基尔霍夫积分，说明在自由空间中，任意一点的电场可以用无限大平面上的二次源积分来表示。

为了使式(1.129)可以进一步简化，可以选取不同的辅助函数 φ。如图 1.20 所示，r_1 为从观察点 R 处到 R 所在区域内任一点 Q 的距离；R' 为观察点 R 以无穷大平面 S_0 为对称面的对称点；r_2 为对称点 R' 到 Q 点的距离。辅助函数 φ 可以写为

$$\varphi = \frac{e^{-jkr_1}}{r_1} - \frac{e^{-jkr_2}}{r_2} \tag{1.130}$$

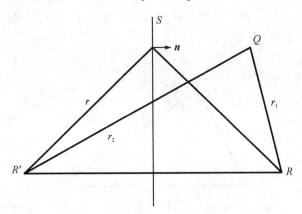

图 1.20　基尔霍夫积分的简化示意图

当 Q 点移动到无限大平面 S_0 面上时，有以下等式：

$$\begin{cases} r_1 = r_2 = r \\ \cos(\boldsymbol{n}, \boldsymbol{r}_1) = -\cos(\boldsymbol{n}, \boldsymbol{r}_2) \end{cases} \tag{1.131}$$

又因为

$$\begin{cases} \dfrac{\partial}{\partial n}\left(\dfrac{e^{-jkr_1}}{r_1}\right) = \cos(\boldsymbol{n}, \boldsymbol{r}_1) \\[3mm] \dfrac{\partial}{\partial n}\left(\dfrac{e^{-jkr_2}}{r_2}\right) = \cos(\boldsymbol{n}, \boldsymbol{r}_2) \end{cases} \tag{1.132}$$

通过式(1.131)和式(1.132)可以导出 φ 在 S_0 面上满足边界条件：

$$
\begin{cases}
\varphi = 0 \\
\dfrac{\partial \varphi}{\partial n} = 2\,\dfrac{\partial}{\partial n}\left(\dfrac{\mathrm{e}^{-jkr_1}}{r_1}\right)
\end{cases}
\tag{1.133}
$$

根据引入的辅助函数 φ 和边界条件，可以将式(1.129)的基尔霍夫积分改写为

$$
\psi(R) = -\frac{1}{4\pi}\int_{S_0} \psi\,\frac{\partial \varphi}{\partial n}\,\mathrm{d}S = -\frac{1}{2\pi}\int_{S_0} \psi\,\frac{\partial}{\partial n}\left(\frac{\mathrm{e}^{-jkr}}{r}\right)\mathrm{d}S
\tag{1.134}
$$

式中：

$$
\frac{\partial}{\partial n}\left(\frac{\mathrm{e}^{-jkr}}{r}\right) = \cos(\boldsymbol{n},\,\boldsymbol{r})\,\frac{\mathrm{d}}{\mathrm{d}r}\,\frac{\mathrm{e}^{-jkr}}{r} = \cos(\boldsymbol{n},\,\boldsymbol{r})\left[-\frac{\mathrm{e}^{-jkr}}{r}\left(jk+\frac{1}{r}\right)\right]
\tag{1.135}
$$

于是式(1.135)又可以写为

$$
\begin{aligned}
\psi(R) &= \frac{1}{2\pi}\int_{S_0} \psi\,\frac{\mathrm{e}^{-jkr}}{r}\left(jk+\frac{1}{r}\right)\cos(\boldsymbol{n},\,\boldsymbol{r})\,\mathrm{d}S \\
&\approx \frac{1}{2\pi}\int_{S_0} \psi\,\frac{jk\,\mathrm{e}^{-jkr}}{r}\cos\theta\,\mathrm{d}S
\end{aligned}
\tag{1.136}
$$

式中的 θ 是向量 $\boldsymbol{r}$ 和向量 $\boldsymbol{n}$ 之间的夹角。根据图1.21进一步假设，S_0 平面上的场是点源 T 发出的球面波，ψ 代表电场强度值 E，S_0 平面上的电场 $E = A\mathrm{e}^{-jk\rho}/\rho$，则

$$
E(R) = -\frac{j}{\lambda}A\int_{S_0} \frac{\mathrm{e}^{-jk(r+\rho)}}{r\rho}\cos\theta\,\mathrm{d}S
\tag{1.137}
$$

式(1.137)表示的是次级源为平面情况时的基尔霍夫积分。通过对该式的分析可以证明，S_0 平面的不同区域对产生观察点场的贡献不同，也就是说，并不是整个 S_0 平面上的二次波源对 R 点的场都起主导作用。可以用划分菲涅耳带的方法来分析 S_0 平面上不同区域的二次波源对 R 点的场的不同作用。

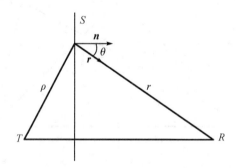

图1.21　$\boldsymbol{n}$、$\boldsymbol{r}$ 向量之间的关系

1.4.2　菲涅耳带与菲涅耳半径

理想的自由空间是无边无际的，实际中这样的空间并不存在。对于某一特定的电波传播而言，在收、发天线之间，存在着对传输能量起主要作用的空间区域，它是根据惠更斯-菲涅耳原理求出的，所以称为菲涅耳区。若在这一区域中符合自由空间传播的条件，则可认为电波是在自由空间中传播。如图1.22所示，空间 A 处有一球面波源。为了讨论其辐射场的大小，根据惠更斯-菲涅耳原理，可以做一个与之同心、半径为 ρ 的球面，该球面上所

有同相的惠更斯源对于观察点 R 来说，均可以视为二次波源。

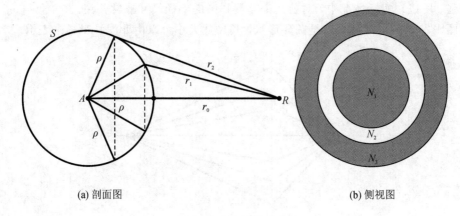

(a) 剖面图　　　　　　　　　　　　　　　　　　　　　(b) 侧视图

图 1.22　菲涅耳带示意图

为了计算方便，可以按下列等式将球面 S 划分为菲涅耳带：

$$
\begin{cases}
\rho + r_1 = \rho + r_0 + \dfrac{\lambda}{2} \\[2mm]
\rho + r_2 = \rho + r_0 + 2 \cdot \dfrac{\lambda}{2} \\[1mm]
\quad\vdots \\[1mm]
\rho + r_n = \rho + r_0 + n \cdot \dfrac{\lambda}{2}
\end{cases}
\tag{1.138}
$$

观察点 R 点与 A 点相距 $d = \rho + r_0$，每个相邻菲涅耳带 $N_n (n = 1, 2, 3, \cdots)$ 的边缘到观察点 R 的距离相差半个波长。由此可见，分布在每个相邻菲涅耳带边界上的二次波源在观察点 R 处产生的场是反相的。可以证明：当 r_0 远大于电磁波波长时，各个菲涅耳带的面积是大致相等的。假设第 n 个菲涅耳带 N_n 在 R 点处产生的电场幅值为 E_n，由于每个菲涅耳带的半径不同，辐射路径也不相同，因此每个菲涅耳带在观察点处产生的电场幅度满足以下关系：

$$
E_1 > E_2 > E_3 > \cdots > E_n > E_{n+1} > \cdots
\tag{1.139}
$$

因为相邻两个菲涅耳带在观察点处产生的电场是反相的，所以观察点处的合成场振幅可以写为

$$
E = E_1 - E_2 + E_3 - E_4 + E_5 - E_6 + \cdots
\tag{1.140}
$$

将上式拆分化简：

$$
E = \frac{E_1}{2} + \left(\frac{E_1}{2} - E_2 + \frac{E_3}{2} \right) + \left(\frac{E_3}{2} - E_4 + \frac{E_5}{2} \right) + \cdots
\tag{1.141}
$$

并且根据式（1.140）可以得出当 n 趋近于无穷大时，菲涅耳带 N_n 在观察点处产生的电场幅度趋近于 0。于是观察点处的合成场振幅可以近似为

$$
E \approx \frac{E_1}{2}
\tag{1.142}
$$

式（1.142）说明，尽管在自由空间从球面波源 A 辐射到观察点 R 的无线电波可以认为是通过许多菲涅耳区传播叠加形成的，但在辐射过程中起主要作用的只有第一菲涅耳区

N_1。粗略近似，只要保证第一菲涅耳区 N_1 的一半不被障碍物遮挡，就能得到自由空间传播时的场强。所以在实际情况中，对前几个菲涅耳区的半径尺寸非常关注。

如图 1.23 所示，菲涅耳带是圆环形状，其尺寸大小可以由菲涅耳半径来表示。

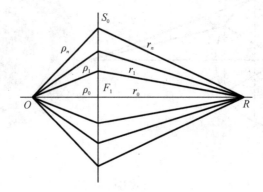

图 1.23　菲涅耳半径求解示意图

令菲涅耳半径为 F_n，根据菲涅耳区的定义可以得到：

$$(\rho_n + r_n) - (\rho_0 + r_0) \approx \frac{F_n^2}{2}\left(\frac{1}{\rho_0} + \frac{1}{r_0}\right) = n \cdot \frac{\lambda}{2} \tag{1.143}$$

式中的 $d = r_0 + \rho_0$，通常 r_0 和 ρ_0 都远大于第一菲涅耳半径 F_1，因此可以得到以下近似公式：

$$\begin{cases} \rho_n = \sqrt{F_1^2 + \rho_0^2} \approx \rho_0 + \dfrac{F_1^2}{2\rho_0} \\ r_n = \sqrt{F_1^2 + r_0^2} \approx r_0 + \dfrac{F_1^2}{2r_0} \end{cases} \tag{1.144}$$

第 n 菲涅耳带的半径：

$$F_n = \sqrt{\frac{n\lambda\rho_0 r_0}{\rho_0 + r_0}} \tag{1.145}$$

其中菲涅耳半径 F_n 的单位为米（m）。若菲涅耳半径在传播路径的中央，则有 $\rho_0 = r_0 = d$，此时菲涅耳半径达到最大值，即

$$F_{n\max} = \frac{1}{2}\sqrt{\frac{n\lambda}{d}} \tag{1.146}$$

所有菲涅耳带的面积都是相等的，均为

$$S = \frac{\pi\lambda\rho_0 r_0}{\rho_0 + r_0}(m^2) \tag{1.147}$$

实际上，划分菲涅耳带的球面是任意选取的，因此，当球面半径 ρ 变化时，各菲涅耳区的尺寸也在变化，但是它们的几何定义不变，而它们的几何定义恰恰是以球面波源 A 和观察点 R 两点为焦点的椭圆，如图 1.24 所示。如果考虑到以传播路径为轴线的旋转对称性，不同位置的同一菲涅耳半波带的外围轮廓线应是一个以收、发两点为焦点的旋转椭球。第一菲涅耳椭球通常称为电波传播的主区。根据式(1.146)可知，电磁波的波长越短，第一菲涅耳区的半径就越小，对应的菲涅耳椭球的短轴就越短，菲涅耳椭球就越近似为一条直线。比如光的频率特别高，所以通常认为光波是沿直线进行传播的。由于无线电波的传播通道

并不是直线，因此即使传播空间中的障碍物并没有遮挡收、发两点间的连线，但是障碍物进入了第一菲涅耳椭球，此时接收点的场强也会受到障碍物的影响，电磁波在该收、发两点之间传播就不能视为电磁波在自由空间中传播。同理，如果障碍物没有进入第一菲涅耳椭球，此时电磁波在收、发两点间的传播就视为在自由空间中传播，可以使用电磁波在自由空间中传播的公式进行计算求解。

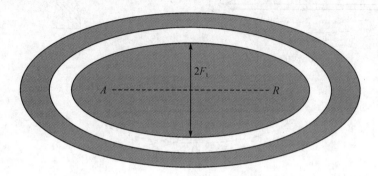

图 1.24　菲涅耳半径椭球

　　另外，即使是在地面上的障碍物遮挡收、发两点连线的情况下，由于电波传播的主区未被全部遮挡，接收点仍然可以接收到信号。这种现象就是之前提到的电波绕射现象。在地面上障碍物高度一定的情况下，电磁波的波长越长，电波传播主区（第一菲涅耳椭球）的横截面积越大，相对障碍物遮挡面积越小，接收点接收到的场强就越大。根据上述说法还可以得出电波频率越低、绕射能力就越强的结论。

1.4.3　传播余隙

　　根据式（1.142）可以得出第一菲涅耳区产生的场强比自由空间场强大一倍的结论。可以证明，1/3 个第一菲涅耳区上的二次波源在接收点处产生的场强恰好等于自由空间的场强振幅。在工程上，这 1/3 个第一菲涅耳带被称为"最小菲涅耳区"。令最小菲涅耳区半径为 F_0，按照最小菲涅耳区的定义可得

$$\pi F_0^2 = \frac{1}{3}(\pi F_1^2) \tag{1.148}$$

解得

$$F_0 = 0.577 F_1 \tag{1.149}$$

F_0 表示接收点能得到与自由空间传播相同信号场强时所需要的最小空间半径，又称自由空间中（没有障碍物）的传播余隙。

　　如图 1.25 所示，实际情况中的传播余隙 h 定义为接收点和发射点之间的直线连线（直射波射线）与地面障碍物最高点之间的距离。图 1.25（a）中的直射波射线被障碍物所阻挡，导致电波传播损耗较大，传播余隙 h 为负值；图 1.25（b）中的直射波射线沿障碍物顶部切线传播，此时传播余隙 $h=0$；图 1.25（c）中的直射波射线没有被障碍物所阻挡，能使接收天线接收到自由空间的场强，传播余隙 h 为正值。

　　通常而言，如果最小菲涅耳区半径为 F_0，则当 $h/F_0 \geqslant 1$ 时，直射波的最小菲涅耳区没有被阻挡，在接收点能接收到自由空间场强；当 $0 \leqslant h/F_0 < 1$ 时，直射波的最小菲涅耳区部

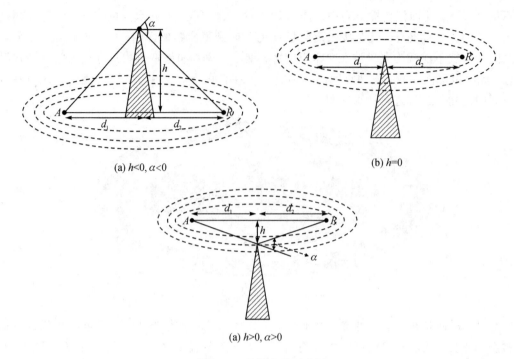

(a) $h<0, \alpha<0$　　　　　　　　　(b) $h=0$

(a) $h>0, \alpha>0$

图 1.25　传播余隙示意图

分被阻挡，产生较大传播损耗；当 $h/F_0<0$ 时，直射波的最小菲涅耳区全部被阻挡，产生较大传播损耗。事实上，只要 55% 的第一菲涅耳区保持无阻挡，其他菲涅耳区的情况基本不影响绕射损耗。

本 章 小 结

本章主要介绍与无线电波传播相关的电磁场与电磁波基础理论知识。首先介绍了均匀平面波的解析求解与定义，阐述了平面电磁波的极化特征，并介绍了平面电磁波的传播特性。然后对于无线信道中常见的反射、绕射和散射三种现象进行了详细描述，重点对介质和理想导体表面反射现象进行了理论分析；基于理想辐射源假设，对自由空间中接收电场强度、接收功率及路径损耗的预估公式进行了推导计算。最后以基尔霍夫积分为基础，借助格林函数推导了菲涅耳区的定义，并对菲涅耳区和菲涅耳半径等概念进行了说明。

第 2 章　地表电波传播模式

本章重点讨论地表电波的传播模式，主要包括空间波传播模式、双径反射模型，以及地形地物环境和气象环境对电波传播的影响。

2.1　空间波传播模式

在电波的传播过程中，由于地面的存在，电波在传播中首先会遇到空气和大地两种不同介质的分界面。地面的尺寸比波长大得多，因此，电波在传播过程中首先要发生反射，导致反射损耗；其次，由于地球表面的电导率 $r \neq 0$，因此，当电波射入地面后，将产生地电流，导致吸收损耗。

由电波射入地面后所产生的地电流，将改变地球表面电磁场的分布，从而影响电波传播的特性。在平面地面上传播的波具有两种传播模式：一种是空间波传播模式，即直射波与反射波的叠加；另一种是地表面波传播模式。以光滑平面地面为例，两种电波传播模式如图 2.1 所示。电波在实际传播过程中，某些条件下空间波起主导作用，某些条件下地表面波起主导作用；也存在另外一些条件，使两种电波传播模式所起的作用相近。

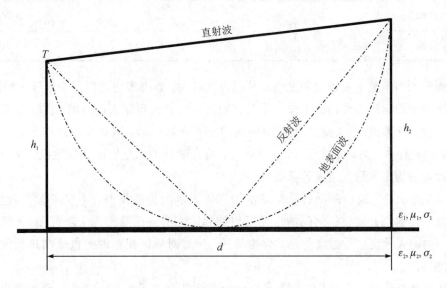

图 2.1　光滑平面地面上电波的传播模式

当天线架设较低时，地表面波起主要作用。地表面波起支配作用时的天线高度称为最小有效天线高度 h_1 和 h_2。电波传播特性与波长、极化方式、地面介电特性参数有关。在实际应用中，对固定天线而言，天线架设高度与波长相比均很高，因此，一般来说：

（1）当 $f < 30$ MHz 时，地表面波起主要作用，也就是电波主要以地表面波模式传播；

（2）当 30 MHz $< f < 300$ MHz 时，空间波和地表面波两种模式共存；

（3）当 $f > 300$ MHz 时，电波主要以空间波模式传播，地表面波可以忽略不计。

实际地面是起伏不平的，地面的起伏不平是否会对电波传播的特性产生影响，或者说研究电波传播特性时是否需要考虑地面的起伏不平，这个问题可以通过瑞利准则来判定。地球为一椭圆球体，长半轴为 6378 km，在工程计算中常取半径的平均值为 6370 km。另外地表面土壤的性质不同，电特性参数不同，因而它的介电常数和电导率等都是变化的，并且土壤的电特性参数还会随着深度的变化而变化。通常，考虑问题时，近似地认为土壤的变化是渐变的，可以取一平均值（见表 2.1）来进行分析计算，但在两种地表面有突然变化的地方，如海洋与大陆的接壤、田野与森林的分界等处，就不能采用这种近似。

表 2.1　各种不同地表结构的平均电特性参数

地表的组成	变 化 范 围		平 均 值	
	ε'_r	$\sigma/(\text{S/m})$	ε'_r	$\sigma/(\text{S/m})$
海水	80	$1 \sim 4.3$	80	4
淡水	80	$10^{-8} \sim 2.8 \times 10^{-4}$	80	10^{-3}
湿土	$10 \sim 30$	$3 \times 10^{-8} \sim 3 \times 10^{-2}$	10	10^{-2}
干土		$1.1 \times 10^{-5} \sim 2 \times 10^{-3}$	4	10^{-3}
森林				10^{-3}
山地				7.5×10^{-4}

下面讨论当电波主要以空间波模式传播时的特性。首先考虑光滑平面地面的情况。

在光滑平面地面上传播的电波主要是直射波、反射波和地表面波的叠加。当天线架设高度与波长相比较高时，电波主要以空间波的方式进行传播，因此可以忽略地表面波的影响。在工程设计中，当频率大于 150 MHz 时，通常就只考虑直射波和反射波，这时可以用双线地面反射模型来研究电波传播的特性。

图 2.2 所示的双线地面反射模型是基于几何光学的传播模型，不仅考虑了直射路径，而且考虑了发射机和接收机之间的地面反射路径。该模型在预测几千米范围（天线高度超过 50 m）内的大尺度信号强度时是非常准确的，同时对城区视距内的微蜂窝传播的预测也是非常准确的。

在大多数移动通信系统中，收发信机间距最多达到几千米，这时可假设地球表面为平面。总的接收场强 E_{TOT} 为直射波场强 E_{LOS} 和地面反射的反射波场强 E_g 的合成结果。如图 2.2 所示，h_T 为发射天线高度，h_R 为接收天线高度。

如果 E_0 为距发射天线 d_0 处的场强（单位为 V/m），则对于传播距离 $d > d_0$，自由空间传播的场强为

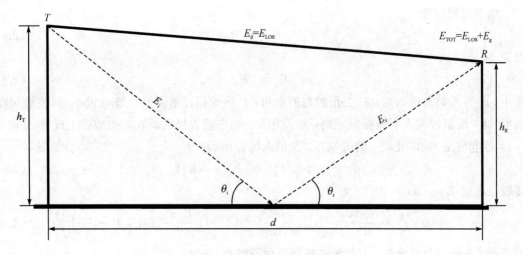

图 2.2　双线地面反射模型

$$E(d, t) = \frac{E_0 d_0}{d} \cos\left[\omega_c\left(t - \frac{d}{c}\right)\right] \quad (d > d_0) \tag{2.1}$$

其中，ω_c 为载波频率，t 为传播时间，而 $|\mathbf{E}(d, t)| = E_0 d_0 / d$ 表示距发射机 d(m)处的场强包络。

如图 2.3 所示，设直射波经过距离 d'，反射波经过距离 d'' 传播到接收机，接收机接收到的直射波场强为

$$E_{\mathrm{LOS}}(d', t) = \frac{E_0 d_0}{d'} \cos\left[\omega_c\left(t - \frac{d'}{c}\right)\right] \tag{2.2}$$

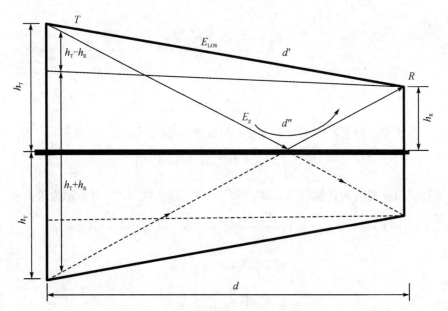

图 2.3　计算视距和地面反射路程差的镜像法

根据反射定理

$$\theta_i = \theta_r \tag{2.3}$$

以及

$$E_g = \Gamma E_i \tag{2.4}$$

式中，θ_i 为入射角的余角；θ_r 为反射角的余角；Γ 为地面反射系数。当 θ_i 很小（即波沿切线入射）时，反射波与入射波振幅相同，相位相反。假定垂直极化波在理想地面上反射，$\Gamma_{\perp} = -1$，总电场是 E_{TOT} 和 E_{LOS} 的矢量和，总的电场包络为

$$|E_{TOT}(d, t)| = |E_{LOS} + E_g| \tag{2.5}$$

接收点场强 $E_{TOT}(d, t)$ 为

$$E_{TOT}(d, t) = \frac{E_0 d_0}{d'} \cos\left[\omega_c\left(t - \frac{d'}{c}\right)\right] + (-1)\frac{E_0 d_0}{d''} \cos\left[\omega_c\left(t - \frac{d''}{c}\right)\right] \tag{2.6}$$

使用图 2.3 所示的镜像法，直射波和地面反射波的路径差 Δ 为

$$\Delta = d'' - d' = \sqrt{(h_T + h_R)^2 + d^2} - \sqrt{(h_T - h_R)^2 + d^2} \tag{2.7}$$

当发射机和接收机之间的距离 d 远远大于 $h_t + h_r$ 时，式(2.7)可以使用泰勒级数进行近似简化：

$$\Delta = d'' - d' \approx \frac{2h_T h_R}{d} \tag{2.8}$$

一旦知道了路程差、直射波和反射波的相位差 θ_Δ，以及到达接收机的时延 τ_d，便可通过以公式求得

$$\theta_\Delta = \frac{2\pi\Delta}{\lambda} = \frac{\Delta\omega_c}{c} \tag{2.9}$$

$$\theta_\Delta = \frac{\Delta}{c} = \frac{\theta_\Delta}{\omega_c} = \frac{\theta_\Delta}{2\pi f_c} \tag{2.10}$$

和

$$\tau_d = \frac{\Delta}{c} = \frac{\theta_\Delta}{\omega_c} = \frac{\theta_\Delta}{2\pi f_c} \tag{2.11}$$

注意：当 d 变大时，d' 和 d'' 之差变小，与振幅基本相同，仅是相位不同，即

$$\left|\frac{E_0 d_0}{d}\right| \approx \left|\frac{E_0 d_0}{d'}\right| \approx \left|\frac{E_0 d_0}{d''}\right| \tag{2.12}$$

如果计算出反射波的传播时间，即 $t = d''/c$ 时，那么式(2.12)可表示为矢量和：

$$
\begin{aligned}
E_{TOT}\left(d, t = \frac{d''}{c}\right) &= \frac{E_0 d_0}{d'} \cos\left[\omega_c\left(\frac{d'' - d'}{c}\right)\right] - \frac{E_0 d_0}{d''}\cos 0° \\
&= \frac{E_0 d_0}{d'}\cos\theta_\Delta - \frac{E_0 d_0}{d''} \\
&\approx \frac{E_0 d_0}{d}[\cos\theta_\Delta - 1]
\end{aligned} \tag{2.13}
$$

式中，d 为接收机和发射机天线之间的平面距离。

参考图 2.4 所示的相位图，距发射机 d 处直射波和反射波的合成场强大小为

$$|E_{\mathrm{TOT}}(d)|=\sqrt{\left(\frac{E_0 d_0}{d}\right)^2(\cos\theta_\Delta-1)^2+\left(\frac{E_0 d_0}{d}\right)^2\sin^2\theta_\Delta} \tag{2.14}$$

或

$$|E_{\mathrm{TOT}}(d)|=\frac{E_0 d_0}{d}\sqrt{2-2\cos\theta_\Delta} \tag{2.15}$$

三角变换后

$$|E_{\mathrm{TOT}}(d)|=2\frac{E_0 d_0}{d}\sin\left(\frac{\theta_\Delta}{2}\right) \tag{2.16}$$

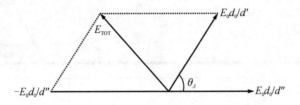

图 2.4　直射波和地面反射波，以及根据式(2.13)合成的总场强的相位图

式(2.16)为双线地面反射模型提供了精确的接收场强大小的计算方法。注意，随着与发射机距离的增加，$E_{\mathrm{TOT}}(d)$ 从最大比自由空间值高 6 dB 波动式衰减到最小 $-\infty$ dB(接收场强在一定的距离 d 处只是降为 0 V，实际上并不存在 $-\infty$ 这种情况)。一旦距离 d 足够大，θ_Δ 开始小于等于 π，接收场强 $E_{\mathrm{TOT}}(d)$ 随距离的增加而逐渐降低。当 $\sin(\theta_\Delta/2)$ 约等于 $\theta_\Delta/2$ 时可化简式(2.16)。此时 $\theta_\Delta/2$ 小于 0.3 rad。由式(2.8)和式(2.9)，化简式(2.15)得到

$$d>\frac{20\pi h_{\mathrm{T}} h_{\mathrm{R}}}{3\lambda}\approx\frac{20 h_{\mathrm{T}} h_{\mathrm{R}}}{\lambda} \tag{2.17}$$

则接收场强近似为

$$E_{\mathrm{TOT}}(d)=\frac{2E_0 d_0}{d}\frac{2\pi h_{\mathrm{T}} h_{\mathrm{R}}}{\lambda d}\approx\frac{k}{d^2} \tag{2.18}$$

式中，$E_{\mathrm{TOT}}(d)$ 的单位为 V/m；k 是与电场强度、天线高度和波长相关的系数。

进一步，理想光滑平面地面上电波传播的传播损耗为发射功率 P_Σ 与接收功率 P_{A} 的比值：

$$L_{\mathrm{p}}=\frac{P_\Sigma}{P_{\mathrm{A}}}=\frac{d^4}{h_{\mathrm{T}}^2 h_{\mathrm{R}}^2 D_1 D_2} \tag{2.19}$$

若 d 以 km 为单位，h_{T} 和 h_{R} 以 m 为单位，D_1、D_2 以 dB 为单位，则

$$L_{\mathrm{p}}=120+40\lg d-20\lg(h_{\mathrm{T}} h_{\mathrm{R}})-D_1-D_2 \tag{2.20}$$

2.2　双径反射模型

2.2.1　反射的有效区域

假设地表光滑且其电导率与介电常数均匀分布，地表上方的电波传播特性对于移动通

信系统具有重要影响。其中最简单的情况是当收发天线高度 h_R 及 h_T 和它们之间的距离 d 相比很小的时候。对于收发之间相隔不大于 $10\sim20$ km 的无线链路,平地的假设是有效的。此时传播方式主要为直达波和反射波传播,接收信号是直达波和反射波信号在接收点处的合成结果(见图 2.5)。

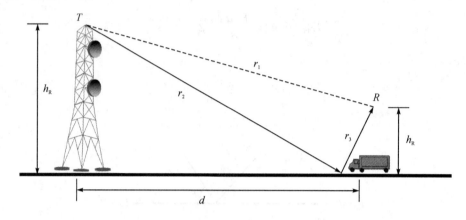

图 2.5　有反射时路径损耗的最简单情况

在图 2.5 中,如果以发射源 T 的镜像源 T' 和接收点 R 为焦点画出一个菲涅耳区的椭球面,那么由这个椭球面可以估计出对反射波起主要作用的地面上的菲涅耳区的大小,该区称为有效反射区。有效反射区的大小基本上可由第一菲涅耳区或者 2 个菲涅耳区所确定。

如图 2.6 所示,T、T' 和 R 均在 zoy 平面上,地面反射的椭圆有效区域与 xoy 平面重合,该椭圆的长轴在 y 轴上,短轴通过 c 点平行于 x 轴,假设图中的椭圆是第 n 菲涅耳区的边界面(椭球面)与地面相交所得。在这第 n 菲涅耳区椭圆上任取一点 $c'(x,y,z)$,根据菲涅耳区的定义有

$$\rho - r = \frac{n\lambda}{2} \tag{2.21}$$

式中,$\rho = \rho_1 + \rho_2$ 表示源到 c' 点和 c' 点到接收点的距离之和;$r = r_2 + r_3$ 表示源到 p 点和 p 点到接收点的距离之和。

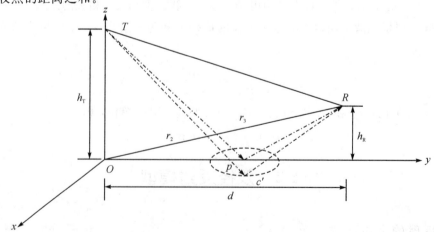

图 2.6　反射地段上的菲涅耳区

其中 ρ_1 和 ρ_2 分别为

$$\rho_1 = \sqrt{x^2 + y^2 + h_{\mathrm{T}}^2}$$
$$\rho_2 = \sqrt{x^2 + (d-y)^2 + h_{\mathrm{R}}^2} \tag{2.22}$$

并且有

$$d^2 = r^2 - (h_{\mathrm{T}} + h_{\mathrm{R}})^2 \tag{2.23}$$

代入后得到

$$x^2 = -\frac{(h_{\mathrm{T}}+h_{\mathrm{R}})^2+q}{r^2+q}y^2 + d\,\frac{2h_{\mathrm{T}}(h_{\mathrm{T}}+h_{\mathrm{R}})+q}{r^2+q}y + \frac{-\frac{1}{4}\left[q+2h_{\mathrm{T}}h_{\mathrm{R}}\right]^2 + h_{\mathrm{T}}^2 d^2 + h_{\mathrm{T}}^2 h_{\mathrm{R}}^2}{r^2+q} \tag{2.24}$$

令

$$n\lambda\left(r + \frac{n\lambda}{4}\right) = q \tag{2.25}$$

最终得到

$$r^2 + q = \left(r + \frac{n\lambda}{2}\right)^2 \tag{2.26}$$

方程式(2.24)是格式为 $x^2 = Ay^2 + By + C$ 的二次曲线方程。对于 $x^2 = Ay^2 + By + C$ 表示二次曲线，当 $A<0$ 时，该二次曲线代表椭圆。

该椭圆中心 c 点在 $(0, -B/2A)$ 处，椭圆的长半轴为 b_n，短半轴为 a_n，它们分别为

$$2b_n = -\frac{\sqrt{\Delta}}{A}, \quad 2a_n = \sqrt{-\frac{\Delta}{A}} \tag{2.27}$$

同时 $\Delta = B^2 - 4AC$，得到

$$\Delta = \frac{q(q + 4h_{\mathrm{T}}h_{\mathrm{R}})}{r^2+q} \tag{2.28}$$

以及通常 $r \gg \lambda$，所以可以近似地写成

$$2b_n \approx \frac{r\sqrt{n\lambda r(n\lambda r + 4h_{\mathrm{T}}h_{\mathrm{R}})}}{n\lambda r + (h_{\mathrm{T}}+h_{\mathrm{R}})^2}$$
$$2a_n \approx \sqrt{\frac{n\lambda r(n\lambda r + 4h_{\mathrm{T}}h_{\mathrm{R}})}{n\lambda r + (h_{\mathrm{T}}+h_{\mathrm{R}})^2}} \tag{2.29}$$

各椭圆的中心位于 y 轴上，离辐射源的距离为

$$y_{\mathrm{c}} = -\frac{B}{2A} = \frac{d\left[h_{\mathrm{T}}(h_{\mathrm{T}}+h_{\mathrm{R}}) + \frac{n\lambda}{2}\left(r + \frac{n\lambda}{4}\right)\right]}{(h_{\mathrm{T}}+h_{\mathrm{R}})^2 + n\lambda\left(r + \frac{n\lambda}{4}\right)} \tag{2.30}$$

p 点的坐标为

$$y_{\mathrm{p}} = \frac{h_{\mathrm{T}}d}{h_{\mathrm{T}}+h_{\mathrm{R}}} \tag{2.31}$$

$$y_{\mathrm{p}} = \frac{h_{\mathrm{T}}d}{h_{\mathrm{T}}+h_{\mathrm{R}}} \tag{2.32}$$

将式(2.30)写为

$$y_c = y_p \left[1 + \frac{\dfrac{h_R - h_T}{2h_T} n\lambda \left(r + \dfrac{n\lambda}{4} \right)}{(h_T + h_R)^2 + n\lambda \left(r + \dfrac{n\lambda}{4} \right)} \right] \tag{2.33}$$

2.2.2　平坦地面上的反射系数

当预测地面上不同传播信道的传播特性时,地球表面反射波的幅度和相位变化是一个重要因素。在讨论地球表面均匀大气中的电波传播时,水平极化波(电矢量垂直于入射平面)和垂直极化波(电矢量位于入射平面内)的定义如图 2.7 所示,入射平面是指入射射线和分界面的法向矢量所在的平面。

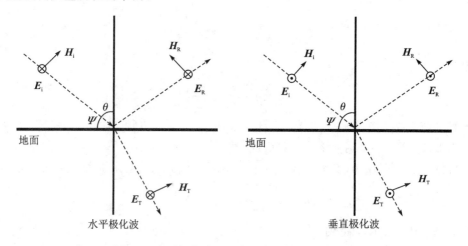

图 2.7　水平极化波和垂直极化波的反射和折射

水平极化波和垂直极化波的地面反射系数分别为

$$R_{/\!/} = \frac{\cos\theta_i - \sqrt{\dfrac{\varepsilon}{\varepsilon_0} - \sin^2\theta_i}}{\cos\theta_i + \sqrt{\dfrac{\varepsilon}{\varepsilon_0} - \sin^2\theta_i}} \tag{2.34}$$

$$R_{\perp} = \frac{\dfrac{\varepsilon}{\varepsilon_0}\cos\theta_i - \sqrt{\dfrac{\varepsilon}{\varepsilon_0} - \sin^2\theta_i}}{\dfrac{\varepsilon}{\varepsilon_0}\cos\theta_i + \sqrt{\dfrac{\varepsilon}{\varepsilon_0} - \sin^2\theta_i}} \tag{2.35}$$

式中,θ_i 是平面波的入射角,ε_0 是自由空间介电常数,ε 是地面土壤的复介电常数,可以表示为

$$\varepsilon = \varepsilon_0 \varepsilon_r - j\frac{\sigma}{\omega} \tag{2.36}$$

将自由空间介电常数的值 ε_0 代入,得到

$$\varepsilon'_r = \varepsilon_r - j60\lambda_0\sigma \tag{2.37}$$

式中,λ_0 是电磁波在自由空间中的波长。

平坦地面反射波的幅度和相位的大小取决于反射系数(也就是和地面特性有关)、反射点处入射波的幅度和相位的大小以及入射波的初始极化。事实上，对于在地面上的电波传播，地面特性由地表面的电导率和介电常数所决定，其中 ε_r 是相对介电常数 ε'_r 的实部，$\dfrac{\sigma}{\omega\varepsilon_0}$ 是其虚部。另外，经常用掠射角 ψ 代替 θ_i，$\psi=\pi/2-\theta_i$。

$$R_{/\!/}=|R_{/\!/}|\,\mathrm{e}^{-\mathrm{j}\varphi_{/\!/}}=\frac{\sin\psi-\sqrt{\varepsilon'_r-\cos^2\psi}}{\sin\psi+\sqrt{\varepsilon'_r-\cos^2\psi}}$$

$$R_{\perp}=|R_{\perp}|\,\mathrm{e}^{-\mathrm{j}\varphi_{\perp}}=\frac{\varepsilon'_r\sin\psi-\sqrt{\varepsilon'_r-\cos^2\psi}}{\varepsilon'_r\sin\psi+\sqrt{\varepsilon'_r-\cos^2\psi}}$$

(2.38)

反射系数 $R_{/\!/}$ 和 $R_{\perp}$ 并不相同，而且都是复数量，所以反射波在幅度和相位上都不同于入射波。

当反射区为干燥陆地时，其性质在超短波时接近于介质，$\dfrac{\sigma}{\omega\varepsilon_0}\approx0$，$\varepsilon_r=4$。式(2.37)中 $\varepsilon'_r=\varepsilon_r$ 为实数。对于水平极化波，当掠射角 ψ 很小时，由于 $\varepsilon_r>1$，因此 $|R_{/\!/}|=1$ 和 $\varphi_{/\!/}=180°$。同样对于垂直极化波，当掠射角 ψ 很小时，$|R_{\perp}|=1$ 和 $\varphi_{\perp}=180°$。当反射区在海平面上时，电导率将起很大作用，ε'_r 将不再是实数，而是复数。对于水平极化波，当掠射角 ψ 很小时，仍然有 $|R_{/\!/}|=1$ 和 $\varphi_{/\!/}=180°$。但对于垂直极化波，因为式(2.37)的分子和分母中所含的两项均为复数，所以需要具体计算。

严格地讲，式(2.37)只适用于均匀和光滑的反射面情况。但在实际中，这种情况很少存在，因此由上述公式得到的计算值和实际测量值之间可能会有较大出入。然而，实验结果表明，即使是在微波波段，也经常出现两者之间吻合得很好的情况。这是因为反射波场主要是由反射点 C 附近的"有效"区域反射所形成的，而在这一区域内，地面是足够均匀和光滑的。反射现象和地面参数有关，表 2.2 列出了作为地形函数的地面电导率和相对介电常数。

表 2.2　地面特性表

地　形	电导率/(S/m)	相对介电常数
海水	5	80
淡水	8×10^{-3}	80
干地	2×10^{-3}	10
沼泽地，森林	8×10^{-2}	12
农业用地，低山	1×10^{-3}	15
牧场，中等山	5×10^{-3}	13
岩石地，陡峭山	2×10^{-3}	10
群山	1×10^{-3}	5
住宅区	2×10^{-3}	5
工业区	1×10^{-4}	3

在理论计算中，地球表面的电特性是用表 2.2 来表征的。在讨论电波传播时，一般可以分以下两种情况：

$$\frac{\sigma}{\omega} \ll \varepsilon_0 \varepsilon_r \tag{2.39}$$

或

$$\frac{\sigma}{\omega} \gg \varepsilon_0 \varepsilon_r \tag{2.40}$$

此时地球表面可以看作理想导体，$\varepsilon_0 \varepsilon_r$ 在计算时可忽略不计。在第一种情况中，σ/ω 忽略不计，反射系数 R 是实数，其幅角 $\varphi = 0°$ 或 $180°$（当 ψ 很小时，$\varphi = 180°$，$R = -1$），如前面讨论的干燥陆地；在第二种情况中，因为 $\varepsilon_r \geqslant 1$，所以 $\frac{\sigma}{\omega \varepsilon_0} \gg 1$，$\varepsilon_r' \approx -j60\lambda_0\sigma$ 。对于水平极化波则有 $|R| = 1$，$\varphi = 180°$，电波将被全反射。对于垂直极化波，当 $\sigma \to \infty$（理想导体）时，$|R| = 1$，反射波和入射波大小相等、方向相反，即 $R = -1$。当 σ 不为无限大时，讨论方法和地面为干燥陆地时类似。

2.2.3　双射线传播模式

双射线传播模式可以描述无线电波在平坦地面上的传播过程。该传播模式可直接用于路径损耗的计算，如用于微蜂窝中；也可作为评估各种场强衰耗和路径损耗。下面考虑地面附近的两点之间的无线电波传播，并用平面波近似代替球面波，如图 2.4 所示。此时，根据来自场源的直达射线和来自平坦地面的反射射线的叠加，就可得到双射线模式。

自由空间中两个单位增益（$G = 1$）天线之间，接收点处的场强大小可用式（2.40）表示，若考虑到相位变化时，则写成

$$E = \frac{\sqrt{30P_t}}{r} e^{-jkr} \tag{2.41}$$

对于平坦地面，考虑到传播相位时，由镜像原理可以得到接收点处的场强为

$$\begin{aligned}
E_R &= \frac{\sqrt{30P_t}}{r_1} e^{-jkr_1} + \frac{\sqrt{30P_t}}{r_2 + r_3} R(\psi) e^{-jk(r_2 + r_3)} \\
&= E\left(1 + \frac{r_1}{r_2 + r_3} R(\psi) e^{-jk\Delta r}\right) \\
&= E\left(1 + \frac{r_1}{r_2 + r_3} |R(\psi)| e^{-jk\Delta r - j\varphi}\right)
\end{aligned} \tag{2.42}$$

式中，E 是入射波的场强，也就是在自由空间传播时的场强值，见式（2.41）；$R(\psi)$ 是水平极化波和垂直极化波的反射系数；ψ 是反射时的相移；$\Delta r = r_1 + r_2 + r_3$，是反射波和直达波之间的路程差（见图 2.5）。令 $\Delta q = k \cdot \Delta r$，是反射波和直达波之间的相位差，由 $r_1^2 = d^2 + (h_T - h_R)^2$ 及 $(r_2 + r_3)^2 = d^2 + (h_T + h_R)^2$ 得到

$$\Delta\varphi = \frac{2\pi}{\lambda} d\left[\sqrt{1 + \left(\frac{h_T + h_R}{d}\right)^2} - \sqrt{1 + \left(\frac{h_T - h_R}{d}\right)^2}\right] \tag{2.43}$$

其中 d 是收发天线之间的水平距离。当 $r \gg (h_T + h_R)$ 及 $d \gg (h_T \pm h_R)$ 时，可以近似得到

$r_1 \approx r_2 + r_3 \approx d$，式(2.43)就简化为

$$\Delta \varphi = \frac{4\pi h_T h_R}{\lambda d} \qquad (2.44)$$

当入射波的掠射角很小时，对于远离发射的区域，$\varphi \approx 180°$。此时，式(2.41)亦可简化为

$$\frac{E_R}{E} = \mid 1 - \mid R(\psi) \mid e^{-j\Delta\varphi} \mid$$
$$= \mid \sqrt{1 + \mid R(\psi) \mid^2 - 2 \mid R(\psi) \mid \cos\Delta\varphi} \mid \qquad (2.45)$$

由式(2.45)可以看到，决定直达波和反射波组成的接收场强与自由空间场强之间的振幅比是反射系数 $\mid R(\psi) \mid$ 和 $\Delta\varphi$。其中 $\Delta\varphi$ 的变化会引起合成场按式(2.44)作周期性变化，这是干涉场的主要特征。

如果令 n 表示行程差 Δr 所包含的半波数，即 $\Delta r = n\lambda/2$，则 $\Delta\varphi = n\pi$。那么，当 n 为偶数时 $(E_R/E)_{max}$ 最小，即

$$(E_R/E)_{max} = 1 - \mid R(\psi) \mid$$

将 $\Delta\varphi = n\pi$ 代入式(2.43)中可得

$$d = \frac{4h_T h_R}{n\lambda} \qquad (2.46)$$

从式(2.46)不难看出，当收发天线高度以及波长 λ 保持不变时，n 将随着 d 的变化而变化，并且随着 d 的增加而减小。进一步地，由式(2.44)和式(2.46)可知，n 在 $1 - \mid R(\psi) \mid \sim 1 + \mid R(\psi) \mid$ 之间变化。图 2.8 表示距离 d 变化时干涉场的变化情况。从图中可以看出，随着 d 的增加，极大值(n 为奇数)和极小值(n 为偶数)之间的水平间隔在增大，即干涉图形越来越疏。我们假设两相邻极值的距离分别为 d_n 和 d_{n+1}，由式(2.46)式可知两相邻极值之间的距离为 $d_n - d_{n+1} = \frac{4h_T h_R}{n(n+1)\lambda}$，它随 d 的增加(n 的减小)在变大，所以干涉图形越来越疏。

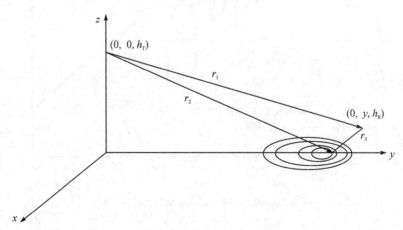

图 2.8　当 $h_T > h_R$ 时，有效反射区情况

　　此外，干涉衰落的深度随距离的增加而增加，这是 d 增加时掠射角 ψ 减小，反射系数 $|R(\psi)|$ 变大（见图2.8），从而使 $1+|R(\psi)|$ 增大而 $1-|R(\psi)|$ 减小的缘故。

　　当 $n=1$ 时的距离称为临界距离 d_b。超过 d_b 以后，随着距离 d 的继续增加将不再出现干涉图形，因此称 $n=1$ 处为"突变点"。由式（2.46）可知临界距离。

　　图2.9所示的突变点可以和菲涅耳理论联系起来。将第一菲涅耳区定义为一个椭球，它的两个焦点是在收发天线处，从一个天线到椭球上某一点后再到另一个天线的距离比图2.5中直达路径距离 r 大 $\lambda/2$。这样，认为突变点处的临界距离是使地面能够遮挡第一菲涅耳区的距离。当传播路径有第一菲涅耳区余隙时，意味着没有障碍物侵入第一菲涅耳区。这时，信号随距离的损耗可以认为完全是由于波前的球面扩散引起的（和自由空间的传播机理相同）。但是，一旦第一菲涅耳区被遮挡，路径损耗就变得比自由空间传播的损耗大。此时，除了自由空间波前扩散外，大部分天线能量集中的第一菲涅耳区的阻挡也造成损耗。根据图2.9，当 $(r_2+r_3)-r_1=\lambda/2$ 时，可以计算得到第一菲涅耳区被遮挡的距离 d_f 为

$$d_f = \frac{1}{\lambda}\sqrt{(\Sigma^2-\Delta^2)^2-2(\Sigma^2+\Delta^2)^2\left(\frac{\lambda}{2}\right)^2+\left(\frac{\lambda}{2}\right)^4} \qquad (2.47)$$

式中 $\Sigma=h_T+h_R$，$\Delta=h_T-h_R$。

　　式（2.46）假设收、发之间是平坦的地面。通常，在高频时天线高度远大于波长，即

$$\Sigma^2-\Delta^2=4h_Th_R\gg\lambda$$

　　由此可见，突变点就是当地面刚开始对第一菲涅耳区有阻挡时两天线之间的距离。

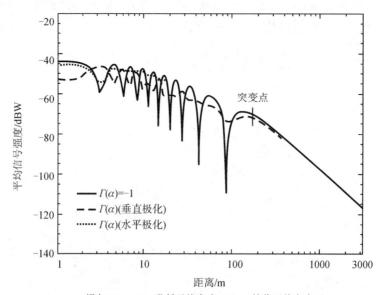

频率：900 MHz，发射天线高度：8.7 m，接收天线高度：1.6 m

图2.9　$|R(\psi)|=1$ 时，双射线模式表示的接收功率随距离变化情况

　　将双射线模式得到的干涉图按突变点前后分别进行回归处理后，可以看到两段斜率分别对应明显不同的路径损耗指数 $n_1\approx2$ 和 $n_2\approx4$。突变点自然地把双射线模式的传播路径

分成两个本质截然不同的区域。当离基站较近时，即在突变点之前的近区，由于地面反射波的影响，无线电信号表示了相对缓慢的斜率，但变化剧烈；在突变点后的远区，无线电信号以更陡的斜率衰减。根据式(2.47)，突变点离波源的距离 d_b 和收发天线的高度和波长有关。

考虑到平坦地面的反射及所取的近似 $r_1 \approx r_2 + r_3 \approx d$，$|R(\psi)| = 1$，可以写出

$$\frac{P_r}{P_T} = \left(\frac{\lambda}{4\pi d}\right)^2 2(1 - \cos\Delta\varphi) \tag{2.48}$$

当用两段直线进行回归处理后，以 dB 为单位表示的平坦地面路径损耗 L 可以写为

$$L = \begin{cases} L_b + 10n_1 \lg\left(\dfrac{d}{d_b}\right), & d \leqslant d_b \\[2mm] L_b + 10n_2 \lg\left(\dfrac{d}{d_b}\right), & d > d_b \end{cases} \tag{2.49}$$

式中斜率 n_1、n_2 通常为 $n_1 \approx 2$ 和 $n_2 \approx 4$，在突变点处$(n=1, \Delta\varphi = \pi)$的平坦地面路径损耗为

$$L_b = 10\lg\frac{P_T}{P_R} = 10\lg\left(\frac{2\pi d_b}{\lambda}\right)^2 = 10\lg\left(\frac{8\pi h_T h_R}{\lambda^2}\right)^2 \tag{2.50}$$

接收功率为

$$P_R = P_T + G_T + G_R - L - L_0 \tag{2.51}$$

2.3　环境对电波传播的影响

电波传播过程中可能遇到环境因素的影响，这些环境因素主要包括(地面)地形地物环境因素、植被因素、气象环境因素。这些环境因素对无线电波的影响效应主要表现为吸收、反射、散射、绕射及折射等，造成了电波传播能量的损失。本节将介绍主要环境影响因素的计算方法，以便为后续章节的电波传播计算奠定基础。

2.3.1　规则典型形状绕射计算方法

地形地物中的障碍物绕射是影响无线电波传播的主要因素之一，障碍物既有规则形状或近似规则的形状，也有非规则形状的。其中，规则形状的障碍物中比较典型的有单刃峰障碍和双刃峰障碍。另外，在特殊情况下还需考虑由于地球曲率引起的大地绕射现象。

1. 单刃峰绕射模型

单刃峰绕射模型是最简单也是很常见的绕射模型。一般来说，单刃峰绕射损耗计算模型与实验测量结果吻合度较高。图 2.10 所示为单刃峰障碍物计算几何示意图。

绕射损耗 $J(v)$ 的计算公式如下：

$$J(v) = -20\lg\left(\frac{\sqrt{[1 - C(v) - S(v)]^2 + [C(v) - S(v)]^2}}{2}\right) \tag{2.52}$$

式中，$C(v)$ 和 $S(v)$ 分别是复数菲涅耳积分 $F(v)$ 中的实部和虚部。当 v 大于 -0.78 时，单刃峰障碍绕射损耗近似计算公式为

$$A_{\mathrm{d}} = 6.9 + 20\lg\left(\sqrt{(v-0.1)^2+1} + v - 0.1\right) \qquad (2.53)$$

式中，v 为绕射参数，其与图 2.10 中的 d_1、d_2、h、θ、a_1 及 a_2 有关。

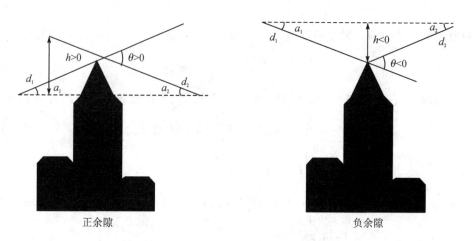

图 2.10　单刃峰障碍物计算几何示意图

2. 双刃峰绕射模型

　　分析双刃峰绕射模型时，可以将单刃峰障碍绕射理论构成的方法继续用于两个障碍物上，其中第一个障碍物的顶部起电波源的作用，在第二个障碍物上绕射。双重孤立峰的单刃障碍示意图如图 2.11 所示。第一绕射路径由距离 a、b 和高度 h_1 确定，给出损耗 L_1(dB)；第二绕射路径由距离 b、c 和高度 h_2 确定，给出损耗 L_2(dB)。

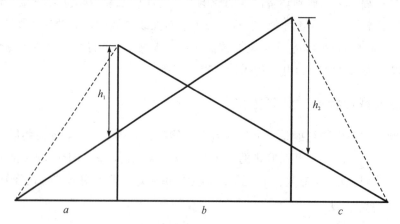

图 2.11　双重孤立峰的单刃障碍示意图

　　考虑到两个单刃峰障碍之间的距离 b，计算时必须加上校正项 L_{c}(dB)。L_{c} 可以用下面公式进行估值：

$$L_{\mathrm{c}} = 10\lg\left(\frac{(a+b)(b+c)}{b(a+b+c)}\right) \qquad (2.54)$$

　　若 L_1 和 L_2 中的每一个都超过大约 15 dB，则总绕射损耗为

$$L = L_1 + L_2 + L_{\mathrm{c}} \qquad (2.55)$$

如果其中一个单刃峰障碍占主导地位(称为主障碍物),如图 2.12 所示,则第一绕射路径由距离 a、$b+c$ 和高度 h_1 确定,第二绕射路径由距离 b、c 和高度 h_2' 确定。

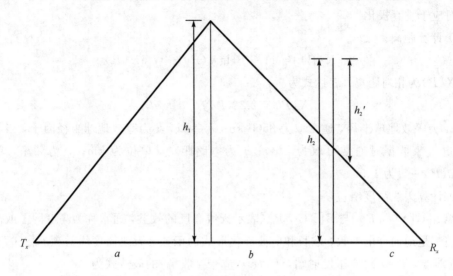

图 2.12　主/副障碍物的绕射计算

可以将单刃峰障碍绕射理论构成的方法继续用于两个障碍物上。首先,由较高的 h_1/r 比确定主障碍物 M,其中 h_1 是直接路径收发信机之上的主障碍物高度,r 是第一菲涅耳椭圆半径。于是,可应用副障碍物高度 h_2' 计算由副障碍物造成的损耗。

考虑到两个单刃峰障碍物之间的间隔以及它们的高度,计算时必须减去一个校正项 $T_c(dB)$,T_c 可由下面的公式进行估值:

$$T_c = \left[12 - 20 \lg \left| \frac{2}{1 - \frac{\alpha}{\pi}} \right| \left(\frac{q}{p} \right)^{2p} \right] \tag{2.56}$$

其中:

$$p = \left[\frac{2}{\lambda} \frac{(a+b+c)}{(b+c)a} \right]^{1/2} h_1$$

$$q = \left[\frac{2}{\lambda} \frac{(a+b+c)}{(a+b)c} \right]^{1/2} h_2 \tag{2.57}$$

$$\tan\alpha = \left[\frac{b(a+b+c)}{ac} \right]^{1/2}$$

总损耗为

$$L = L_1 + L_2 - T_c \tag{2.58}$$

3. 球面绕射模型

由于天线架设不够高,或者由于传播距离太远,使得传播电路呈闭路状态,也就是说接收点位于阴影区里,这时计算中值衰减必须考虑大地绕射的影响。球面地球的绕射损耗可以近似地表示为

$$L_d = F[X(P)] + G[Y(t, P)] + G[Y(r, P)] \tag{2.59}$$

上式中，$F[X(P)]$ 为距离项，单位为 dB；$G[Y(t，P)]$ 与 $G[Y(r，P)]$ 分别为发射天线高度增益项与接收天线高度增益项，单位均为 dB；P 为极化参数，$P=H$ 对应于水平极化，$P=V$ 对应于垂直极化。

（1）计算距离。

$$F[X(P)]=11+10\lg X(P)-17.6X(P) \tag{2.60}$$

式中，$X(P)$ 为相对距离，表达式为

$$X(P)=2.2\beta(P)f^{1/3}a_e^{-2/3}d \tag{2.61}$$

式中，a_e 为等效地球半径，通常取为 8500 km（$a_e=ka$，k 为等效地球半径因子，当缺乏当地无线电气象数据时通常可取为 4/3）；d 为电路距离，单位为 km；f 为频率，单位为 MHz，$\beta(P)$ 一般为 1。

（2）计算天线高度增益项。

通常用 $G[Y(t，P)]$ 与 $G[Y(r，P)]$ 表示天线高度的效益，通常称为高度因子或高度增益，它们都是地面介电参数、波长和电波极化形式的函数。天线高度增益项 $G[Y(T，P)]$（T 为电端点，$T=t$ 对应于发射端，$T=r$ 对应于接收端）的表达式为

$$G[Y(T，P)]=\begin{cases}17.6\,[Y(T，P)-1.1]^{1/2}-5\lg[Y(Y，P)-1.1]-8, & Y(T，P)\geqslant 2\\[2mm] 20\lg[Y(T，P)+0.1Y^3(T，P)], & 10K(P)\leqslant Y(T，P)<2\\[2mm] 2+20\lg K(P)+9\lg\left[\dfrac{Y(T，P)}{K(P)}\right]\left[\lg\dfrac{Y(T，P)}{K(P)}+1\right], & \dfrac{K(P)}{10}\leqslant Y(T，P)<10K(P)\\[4mm] 2+20\lg K(P), & Y(T，P)<\dfrac{K(P)}{10}\end{cases}$$

$$\tag{2.62}$$

上式中 $Y(T，P)=9.6\times 10^{-3}\beta(P)f^{2/3}a_e^{-1/3}h(T)$。

2.3.2　植被影响计算方法

植被影响的计算方法，提供了植被对电波传播影响的计算方法，可对植被对无线电波信号（30 MHz～100 GHz）产生的影响进行估算，其中的计算模型适用于各种路径几何学情况下的多种植被类型，可用来计算信号通过此类植被类型时所产生的衰减，且适用于地面系统和地空系统。但是，由于植被叶片簇的状态和类型范围很广，以至于很难开发通用的衰减预测程序；另外，还缺乏植被的经验数据。因此，该类模型适合于特定的频率范围和不同类型的路径。

发射机和接收机两端中的一端在林地内，植被影响计算与植被引起的特有衰减率以及植被介质顶部的表面波传播和植被介质内部的前向散射有关。发射机处于林地之外，接收机在林地内的一定距离 d 处，此时植被引起的超量衰减 A_{ev} 可由下式给出：

$$A_{ev}=A_m(1-e^{-d\gamma/A_m}) \tag{2.63}$$

式中，A_m 为特定的植被类型和深度引起的终端处最大衰减，单位为 dB，最大衰减 A_m 往往受某种形式的大地被覆或杂乱散射使终端受到障碍的等效散乱损耗；d 为林地内无线电路径长度，单位为 m；r 为很短植被路径引起的特有衰减率，单位为 dB/m，取决于植被的种

类和密度。另外，在 1 GHz 频率的量级上，带有叶子树木引入的衰减比无叶子树木的大约高出 20％(dB/m)，风使叶片簇移动也会引起衰减变化。

在图 2.13 中，植被路径长度为 d，平均树高为 h_T，接收机天线离地高度为 h_e，θ 为无线电路径仰角，d_x 为天线与路边林地间的距离，发射机 T_x 和接收机 R_x 处于林地之外。衰减损耗 L 建议采用以下模型：

$$L = A f^B d^C (\theta + E)^C \tag{2.64}$$

式中，f 为频率，单位为 MHz；d 为植被路径长度，单位为 m；θ 为仰角，单位为度；A、B、C、E 为实证发现参数。

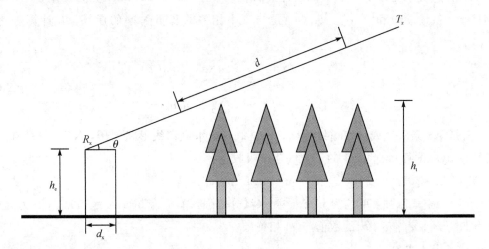

图 2.13　倾斜路径

2.3.3　气象环境对电波传播的影响

无线电受气象环境因素影响的区域主要是在对流层内，对流层在地球的不同区域高度是不一样的，中纬度地区为 12 km 左右，赤道地区为 18 km 左右，极区为 8 km 左右。对流层内集中了大气质量的 3/4 和几乎全部水汽，有强烈的垂直运动，有明显的大气湍流运动。对流层内经常发生着我们所熟悉的天气现象：云雾、降雨、降雪、刮风扬起的沙尘，以及春、夏、秋、冬的冷热交替等。因此，对流层对电波传播的影响，可主要归结为三方面：一是大气中 H_2O、O_2 对无线电波的吸收效应；二是大气中的沉降物，如云雾、降雨、降雪、沙尘及冰雹等对无线电波产生的反射、散射及去极化效应；三是垂直高度内由于温度、湿度、压力不同而引起的折射效应。

相对于自由空间的传播，计算地球—空间路径的传播损耗，需要重点考虑大气衰减、降水衰减、降雪衰减、云雾衰减等效应。

1. 大气衰减

大气衰减完全源自吸收，主要与频率、仰角、水平面上的高度以及水蒸气密度(绝对湿度)等有关。对于 10 GHz 以下频段的大气衰减，以上因素通常可以忽略；对 10 GHz 以上频段的大气衰减，这些因素影响逐渐增大，尤其在低仰角时更是如此。

在一个给定的频率下，氧气对大气的吸收是稳定不变的。但是，水蒸气密度和其垂直剖面却经常变化。在典型情况下，最大的气体衰减发生在最大降雨的季节。

1）逐线求和法

所谓逐线求和法，是指在任意气压、温度和湿度条件下，采用累加氧气和水汽各自谐振线的方法，较准确地计算出无线电波在大气气体中的特征衰减。特征大气衰减率用 γ 表示，其计算方法如下：

$$\gamma = \gamma_0 + \gamma_w = 0.1820 f \left[N''_{\text{Oxygen}}(f) + N''_{\text{Water vapour}}(f) \right] \quad (\text{dB/km}) \quad (2.65)$$

式中，γ_0 和 γ_w 分别是干空气和水汽条件下的衰减率，单位为 dB/km；f 为工作频率，单位为 MHz；$N''_{\text{Oxygen}}(f)$ 和 $N''_{\text{Water vapour}}(f)$ 是与频率相关的复折射率的虚部，其计算表达式如下：

$$\begin{cases} N''_{\text{Oxygen}}(f) = \sum_{i(\text{Oxygen})} S_i F_i + N''_{\text{D}}(f) \\ N''_{\text{Water Vapour}}(f) = \sum_{i(\text{Water Vapour})} S_i F_i \end{cases} \quad (2.66)$$

式中，S_i 是第 i 条氧气或水汽谱线强度，F_i 是氧气或水汽谱线形状因子，$N''_{\text{D}}(f)$ 是氮气吸收以及 Debye(德拜)频谱产生的干空气连续吸收谱。

$$S_i = a_1 \times 10^{-7} p \theta^3 e^{a_2(1-\theta)} \quad (2.67)$$

式中，p 为干空气压强，单位为 hPa；e 为水汽分压强，单位为 hPa；$\theta = 300/T$（T 为温度，单位为 K），a_1、a_2、b_1、b_2 的数值与 f_0 相关。

F_i 计算表达式为

$$F_i = \frac{f}{f_i} \left[\frac{\Delta f - \delta(f_i - f)}{(f_i - f)^2 + \Delta f^2} + \frac{\Delta f - \delta(f_i + f)}{(f_i + f)^2 + \Delta f^2} \right] \quad (2.68)$$

式中，f_i 是氧气或水汽谱线频率，Δf 是谱线宽度，其计算表达式为

$$\Delta f = \begin{cases} a_3 \times 10^{-4} (p \theta^{(0.8-a_4)} + 1.1 e\theta)，氧气 \\ b_3 \times 10^{-4} (p \theta^{b_4} + b_5 e \theta^{b_6})，水汽 \end{cases} \quad (2.69)$$

$N''_{\text{D}}(f)$ 计算表达式为

$$N''_{\text{D}}(f) = f p \theta^2 \left[\frac{6.14 \times 10^{-5}}{d \left(1 + \left(\frac{f}{d}\right)^2\right)} + \frac{1.4 \times 10^{-12} p \theta^{1.5}}{1 + 1.9 \times 10^{-5} f^{1.5}} \right] \quad (2.70)$$

式中，d 是 Debye 频谱中的宽度参数，其计算表达式为

$$d = 5.6 \times 10^{-4} (p + e) \theta^{0.8} \quad (2.71)$$

如果当地 p、e 和 T 随高度的分布数据可用，则应使用此类数据(如应用无线电探空仪测得)。注意，计算总大气衰减时，对干空气和水汽衰减均使用水汽分压。在获得了上面特征大气衰减率的计算结果后，可对地面传播路径、地空传播路径的(大气)衰减进行计算。

(1) 计算地面传播路径衰减。对于地面路径，或者是微小倾斜的接近于地面的倾斜路径，其路径衰减值 A 的计算如下：

$$A = \gamma d_0 \quad (\text{dB}) \tag{2.72}$$

式中，d_0 为路径长度，单位为 km；γ 为特征大气衰减值，单位为 dB/km。

（2）计算地空传播路径衰减。所谓地空传播路径衰减，是对穿过不同压力、不同温度和不同湿度的大气谱线的无线电波采用上述逐线累加（求和）的方法得出的特征衰减。在地球大气层内以及超出地球大气层的任何几何结构的通信系统的路径衰减，都可以通过这种方法非常准确地计算出来。总的倾斜路径衰减值 $A(h, \varphi)$ 可根据电台的海拔高度 h 和仰角 φ 计算：

$$A(h, \varphi) = \int_{i}^{\infty} \frac{\gamma(h)}{\sin\varphi} dh \tag{2.73}$$

其中，$n(h)$ 为大气无线电折射率。

$$\varphi = \arccos\left(\frac{c}{(r+h) \times n(H)}\right) \tag{2.74}$$

$$c = (r+h) \times n(h) \times \cos\varphi$$

当仰角 $\varphi < 0$ 时，若有一个最小海拔高度 $h_{\min}$，在这个高度上，无线电波束将平行于地球表面传播，则 $h_{\min}$ 可通过解下面的超越方程得到：

$$(r + h_{\min}) \times n(h_{\min}) = c \tag{2.75}$$

同时，重复采用下面的方法求解，初值 $h_{\min} = h$：

$$h'_{\min} = \frac{c}{n(h_{\min})} - r \tag{2.76}$$

得到表达式为

$$A(h, \varphi) = \int_{h_{\min}}^{\infty} \frac{\gamma(h)}{\sin\varphi} dh + \int_{h_{\min}}^{h} \frac{\gamma(h)}{\sin\varphi} dh \tag{2.77}$$

针对卫星链路的总大气衰减，不但要知道该路径所经过的每一点的特征衰减，还要知道整个路径的长度，如图 2.14 所示。另外，计算路径长度时必须考虑球面形地球上出现的射线弯曲。

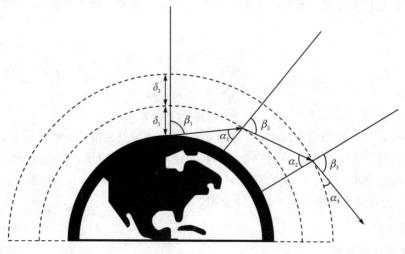

图 2.14　无线电波束穿过大气的路径

在图 2.15 中，a_n 是无线电波束在第 n 层内穿越的长度，δ_n 是第 n 层的厚度，n_n 是第 n 层的折射率，α_n 和 β_n 分别为第 n 层的入射角和出射角。r_n 是半径，指从地球中心到第 n 层起点的距离。由此 a_n 的计算如下：

$$a_n = -r_n\cos\beta_n + \frac{1}{2}\sqrt{4r_n^2\cos^2\beta_n + 8r_n\delta_n + 4\delta_n^2} \tag{2.78}$$

已知 β_1 是在地面站的入射角，应用斯涅尔定律，β_{n+1} 可由 α_n 计算得到：

$$\beta_{n+1} = \arcsin\left(\frac{n_n}{n_{n+1}}\sin\alpha_n\right) \tag{2.79}$$

2）近似计算法

在 1～350 GHz 频率范围的无线电波，若存在有限范围的大气条件和有限数量的几何外形，则可采取简化算法对无线电波在大气气体中的衰减进行近似估算。

从海平面到 10 km 高度的范围内，由干空气与水汽造成的无线电波衰减率，可采用下列简化算法进行估算。这一方法是基于逐线求和法计算的氧气和水汽衰减率以及有效氧气与水汽高度的，这些近似计算与逐线求和法计算拟合。但在高度超过 10 km 且对精确度要求更高的情况下，应采用逐线求和法。

干空气的大气衰减率 γ_0（dB/km）和湿空气（含水汽）的衰减率 γ_w（dB/km）计算公式如下：

$$\begin{aligned}\gamma_0 &= 0.1820f\Big[\sum_{i(\text{Oxygen})}S_iF_i + N''_D(f)\Big]\\ \gamma_w &= 0.1820f\sum_{i(\text{Water Vapour})}S_iF_i\end{aligned} \tag{2.80}$$

对于水平路径或者是微小倾斜的接近于地面的倾斜路径，其路径衰减值 A 可表示为

$$A = \gamma r_0 = (\gamma_0 + \gamma_w)r_\rho \tag{2.81}$$

其中，γ_0 和 γ_w 分别是干空气和水汽条件下的衰减率，单位是 dB/km；r_0 为路径长度，单位是 km。

计算穿过地球大气层的倾斜路径的无线电波在大气层的衰减，对于有角度倾斜路径的衰减值为

$$A_{\text{gas}} = \begin{cases} \dfrac{A_0 + A_w}{\sin\varphi} & (5° < \varphi < 90°)\\ \sum_{n=1}^{k}a_n\gamma_n & (\varphi < 5°)\end{cases} \tag{2.82}$$

式中，$A_0 = h_0r_0$，A_0 为净空衰减因子，单位为 dB；γ_0 为净空衰减率，单位为 dB/km；h_0 为净空的等效高度，单位为 km；$A_w = h_w\gamma_w$，A_w 为水蒸气衰减因子，单位为 dB；γ_w 为水蒸气衰减率，单位为 dB/km；h_w 为水蒸气的等效高度，单位为 km；a_n 为分层的路径长度，单位为 km；γ_n 为分层传播损耗因子，单位为 dB/km。

2. 降雨衰减

1）降雨衰减的计算

在 1～1000 GHz 频率范围内，已有了对地面和倾斜路径降雨衰减（简称雨衰减）的计算

方法。雨散射信号的强度与电波的频率和极化、传播路径距离和仰角、降雨强度、雨滴尺寸分布、雨的高度和收发天线的方向性等因素有关。由于地面电路的雨衰减与地空电路的雨衰减的计算方法有重大的差别,因此使用两套不同的计算公式。

地面电路的仰角很小,电路几乎平行于地面,雨衰减的计算相对简单一些,没有等效高度的问题,只有等效路径长度的问题。再者,地面电路通常使用水平极化和垂直极化,而地空电路通常使用圆极化或椭圆极化。

下面介绍地面电路 $p\%$ 时间被超过的雨衰减。

计算地面电路 $p\%$ 时间被超过的雨衰减 $A_R(p)$,可使用以下公式:

$$A_R(p) \begin{cases} 0.12A_R(0.01)p^{-(0.546+0.043\lg p)}, & \varphi \geqslant 30° \\ 0.07A_R(0.01)p^{-(0.855+0.0139\lg p)}, & \varphi \leqslant 30° \end{cases} \tag{2.83}$$

式中,p 为时间百分数(%),φ_1 为发射站的地理纬度,φ_2 为接收站的地理纬度,$\varphi = (\varphi_1 + \varphi_2)/2$ 为地面电路的平均地理纬度;$A_R(0.01)$ 为地面电路上 0.01% 时间被超过的雨衰减,单位为 dB。在计算地面电路上任意时间百分数的雨衰减之前,必须先计算该电路上 0.01% 时间被超过的雨衰减,其计算公式如下:

$$A_R(0.01) = \gamma_R(0.01) \times r \times d \tag{2.84}$$

式中,r 为地面电路路径长度修正因子,d 为地面电路的路径距离,$\gamma_R(0.01)$ 为地面电路上的雨衰减率,其表达式为

$$\gamma_R(0.01) = aR_{0.01}^b \quad (\text{dB/km}) \tag{2.85}$$

$R_{0.01}$ 为地面电路上 0.01% 时间被超过的降雨率(降雨强度取值 0.25 为细雨、1 为小雨、4 为中雨、16 为大雨、100 为暴雨),单位为 mm/h;a 和 b 为经验系数,与无线电波的频率和极化有关。

$$a = \begin{cases} 2.5292 \times 10^{-7} f^{5.8688-1.2697\lg f}, & \text{水平极化} \\ 2.3053 \times 10^{-7} f^{5.8370-1.2509\lg f}, & \text{垂直极化} \end{cases} \tag{2.86}$$

$$b = \begin{cases} 2.2698 - 1.2145\lg f + 0.2293\lg^2 f, & \text{水平极化} \\ 2.2142 - 1.2145\lg f + 0.2293\lg^2 f, & \text{垂直极化} \end{cases} \tag{2.87}$$

d_0 为等效降雨路径长度,电路路径长度修正因子 r_0 的表达式为

$$r = \frac{1}{1 + d/d_0} \tag{2.88}$$

图 2.15 所示是地空路径降水衰减预测示意图。

在一个给定点,在不超过 55 GHz 的频率范围内,对倾斜路径上长期雨衰统计的评估方法如下:

(1) 确定雨高 h_R。

(2) 如果 $\theta \geqslant 5°$,则利用以下公式计算在该雨量值时倾斜路径长度 L_S(单位为 km):

$$L_S = \frac{(h_R - h_S)}{\sin\theta} \tag{2.89}$$

其中,θ 为仰角;h_S 为地球站在平均海平面以上的高度,单位为 km。

如果 $\theta < 5°$,则采用以下公式计算 L_S:

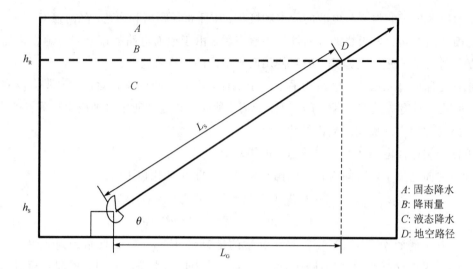

图 2.15　地空路径降水衰减预测示意图

$$L_S = \frac{2(h_R - h_S)}{\left(\sin^2\theta + \dfrac{2(h_R - h_S)}{R_e}\right)^{1/2} + \sin\theta} \qquad (2.90)$$

其中，R_e 为地球的有效半径(8500 km)。

如果 $h_R - h_S \leqslant 0$，则预计的雨衰在任何时间百分比上都是 0 且不需要再进行以下步骤。

(3) 利用以下公式计算倾斜路径的水平投影 L_G：

$$L_G = L_S \cos\theta \qquad (2.91)$$

式中，L_G 的单位为 km。

(4) 获取概率超过 0.01% 的年均降雨量 $R_{0.01}$(积分时间为 1 min)。如果 $R_{0.01}$ 等于 0，则预计的雨衰在任何时间百分比上都是 0 且需要进行以下步骤。

(5) 利用以下公式，并采用给定的频率相关系数和第(4)步确定的降雨量 $R_{0.01}$，获取特定衰减 γ_R：

$$\gamma_R = k \ (R_{0.01})^a \quad (\text{dB/km}) \qquad (2.92)$$

式中，$R_{0.01}$ 为该地 0.01% 概率的年均单点降雨量，单位为 mm/h。

(6) 计算 0.01% 时间内的水平换算系数 $r_{0.01}$：

$$r_{0.01} = \frac{1}{1 + 0.78\sqrt{\dfrac{L_G \gamma_R}{f}} - 0.38(1 - e^{-2L_G})} \qquad (2.93)$$

(7) 计算 0.01% 时间内的垂直调整系数 $v_{0.01}$：

$$\zeta = \arctan\left(\frac{h_R - h_S}{L_G r_{0.01}}\right) \qquad (2.94)$$

式中，ζ 单位为度(°)；L_R 单位为 km；φ 为地球站的纬度(°)，单位为度。其中：

$$\chi = \begin{cases} 36 - |\varphi|, & (|\varphi| \leqslant 36°) \\ 0, & (|\varphi| > 36°) \end{cases} \qquad (2.95)$$

$$L_R = \begin{cases} \dfrac{L_G r_{0.01}}{\cos\theta} & (\zeta > \theta) \\[3mm] \dfrac{(h_R - h_s)}{\sin\theta} & (\zeta \leqslant \theta) \end{cases} \tag{2.96}$$

$$v_{0.01} = \dfrac{1}{1 + \sqrt{\sin\theta}\left[31\left(1 - e^{-\left(\frac{\theta}{1+\chi}\right)}\right)\dfrac{\sqrt{L_R \gamma_R}}{f^2} - 0.45\right]} \tag{2.97}$$

式中，f 为频率，单位为 GHz。

（8）有效路径长度为

$$L_E = L_R v_{0.01} \tag{2.98}$$

（9）预计衰减超过年均 0.01％的时间：

$$A_{0.01} = \gamma_R L_E \tag{2.99}$$

式中，$A_{0.01}$ 的单位为 dB。

（10）预计衰减超过年均其他百分比（0.001％～5％）的情形，由预计衰减超过年均 0.01％的时间来决定：

$$\beta = \begin{cases} 0 & (p \geqslant 1\% \ \text{或} \ \varphi | \geqslant 36°) \\ -0.005(|\varphi| - 36) & (p < 1\%, \ |\varphi| < 36°, \ \theta \geqslant 25°) \\ -0.005(|\varphi| - 36) + 1.8 - 4.25\sin\theta & (p < 1\%, \ |\varphi| < 36°, \ \theta < 25°) \end{cases} \tag{2.100}$$

$$A_p = A_{0.01}\left(\dfrac{p}{0.01}\right)^{-\left[0.655 + 0.033\ln p - 0.045\ln A_{001} - \beta(1-p)\sin\theta\right]} \tag{2.101}$$

其中，A_p 为降雨衰减的统计预估值。

该方法提供了对由降雨引起的衰减长期统计数据的预测。

2）降水特性

（1）单个衰减的持续时间。

超过指定的衰减电平的雨衰持续时间大概呈对数正态分布。中等衰减持续时间在几分钟左右。在衰减小于 20 dB 的绝大部分测量结果中，这些分布与衰减路径没有很大的关联，这意味着在低衰减电平或高频率上观测到的更大的衰减总体时间百分比是由大量的单个衰减构成的，这些单个衰减的持续时间分布基本相似。不符合对数正态分布似乎只发生在小于半分钟的衰减持续时间中。在特定衰减电平上的衰减持续时间倾向于随着仰角的降低而增大。

（2）不同频率上瞬时衰减值的相互关系。

不同频率上瞬时雨衰率的数据是很多衰减自适应技术关心的问题。受降雨类型和降雨温度的影响，频率变化率呈对数正态分布。数据显示衰减的短期变化可能相当明显，且随着路径仰角的减小而增大。

3. 降雪衰减

降雪衰减可用降雨衰减等效计算，雪衰减的表达式为

$$A_x = R_x \times d_x \tag{2.102}$$

式中，A_x 为雪衰减，单位为 dB；d_x 为雪有效途径长度，单位为 km；R_x 为降雪引起的衰减率，单位为 dB/km，可用以下近似公式计算：

$$R_x = 7.47 \times 10^{-5} f \times I (1 + 5.77 \times 10^{-5} f^3 \times I^{0.6}) \tag{2.103}$$

式中，I 为降雪强度，单位为 mm/h，即每小时在单位容器内的积雪融化成水的高度。当频率在 15 GHz 以下时，只有中等强度（4 mm/h）以上的降雪才有影响。

参考降雨的分类方法，按降雪强度值的不同，将降雪分为：0.25 mm/h 为细雪，1 mm/h 为小雪，4 mm/h 为中雪，16 mm/h 为大雪，100 mm/h 为暴雪。

雪有效途径长度 d_x 为

$$d_x = \frac{h_x}{\sin\theta} \quad (\text{km}) \tag{2.104}$$

式中，θ 为路径仰角，单位为°；h_x 为雪的高度，单位为 km。

4. 云雾衰减

当无线电波的频率高于 10 GHz 时，需要考虑云和雾（通常统称为云雾）对电波的衰减。一般来说，云只影响地空电路的无线电波传播；而雾既影响地面电路，又影响地空电路的无线电波传播。当无线电波频率为 10～200 GHz 时，云雾衰减可以表示为

$$A_w = \gamma_c \times d_w \tag{2.105}$$

式中，d_w 为无线电波在云雾中所历经的实际长度，单位为 km；γ_c 为无线电波在云雾内的衰减率，单位为 dB/km。在 100 GHz 或以上频率，雾衰减效应显著。对中等雾而言，雾中液态水密度通常约为 0.06 g/m³（能见度约为 300 m）；对浓雾而言，则约为 0.37 g/m³（能见度约为 50 m）。

5. 沙尘衰减

风沙天气一般分为沙尘暴、扬沙天气和浮尘天气。沙尘暴指在大于 17.2 m/s 的风速作用下，地面沙尘被吹起在空中形成相当高的浓度，水平能见度低于 1 km；而扬沙天气及浮尘天气的沙尘浓度相应低于沙尘暴。

沙尘衰减率的计算表达式为

$$A = \frac{92.7\varepsilon_i W}{\lambda((\varepsilon_i + 2)^2 + \varepsilon_i)} \tag{2.106}$$

式中，λ 为信号波长；ε_i 为沙尘介电常数（干沙 $\varepsilon_i = 2.5 - j0.05$，较干沙 $\varepsilon_i = 3 - j0.3$）；W 为沙尘衰减浓度，其表达式为

$$W = 0.001388 N_0 \int_0^\infty D^3 p(D) dD \quad (\text{g/m}^3) \tag{2.107}$$

式中，D 为沙尘的颗粒直径，单位为 mm；$p(D)$ 为沙尘的粒径分布；N_0 为地面处单位体积的沙粒含量。

本 章 小 结

本章综合讲述了空间波传播模式下电磁波在地表环境的传播特性及基本理论。首先介

绍了光滑地面上的电波传播路径损耗计算方法，建立地表电磁场分布计算的基本原则。然后针对在无线通信系统建设中常用的双径反射模型进行了详细阐述，分别对反射的有效区域及平坦地面上的反射系数进行了讨论分析，特别强调了地面介电特性对于电波传播的影响。考虑到无线通信环境中各类障碍物对于电波传播的影响，给出了规则典型形状绕射问题的求解方法，并介绍了由于植被吸收造成的路径损耗的预估方法。最后对气象环境与电波传播之间关系进行了阐述和讨论，介绍了常用通信频段的大气衰减原因，并且给出了主线求和法与近似计算法两种数值计算大气衰减值的常用方法，分别介绍了降雨、降雪、云雾及沙尘引起衰减的原因与预估方法。本章内容为后期无线传播模型的建立提供了理论基础。

第 3 章　宏蜂窝传播预测模型

传统蜂窝网络采用宏蜂窝(Macro Cell)形式进行组网，这种网络形式具有网络结构简单、覆盖范围大、成本较低等优点。目前 4G 与 5G 移动通信系统中，依然以宏蜂窝为主进行室外场景的无线网络建设。然而工程实践中发现，部分宏蜂窝网络中存在一些盲点难以得到有效覆盖，而且对于热点区域也存在容量不足的问题。因此需要采用合理的电波传播预测模型，结合实测分析，开展宏蜂窝网络部署。

无线通信信道具有随机性，给信道建模与分析带来了较大困难。传统移动通信中，研究电波传播的方法是基于实测数据对场强均值随传播距离变化的规律进行分析。宏蜂窝场景下，影响电波传播的主要因素是大尺度路径损耗，其与无线网络覆盖具有密切关系。本章重点介绍电波传播的建模基本方法，以及常见的几种应用于宏蜂窝环境典型区域预测模型。

3.1　电波传播特性建模方法

当前电波传播特征预测模型的研究方法主要分为三种：第一种为经验测量方法，其基于实际测量数据，利用数学统计方法来获取特定区域的电波传播预测结果，一般以图表或者拟合公式的形式呈现；第二种为确定性预测方法，其依据电波传播的波动理论对电场值的空间和时间分布进行严格的电磁计算；第三种方法为混合法，即前两种方法的综合使用。

3.1.1　经验测量方法

利用经验测量方法构建的电波传播预测模型称为经验预测模型。通过对不同时间与地点的电磁场数据的采样测量，利用数学统计理论进行分析归纳得到相应的数学模型。此类模型以 ITU-R 推荐的模型为主，如 ITU-R P.368 建议书、ITU-R P.528 建议书、ITU-R P.1546建议书等。经验预测模型的优点在于形式简单，应用时不需要详细的地理环境信息，计算方便且高效，能够直接用于无线通信系统的网络规划与设计；缺点在于均为区域性统计模型，即各类模型不具备普适性，而且计算精度较低，对于特定区域传播预测需要结合本地地理特征进行修正处理。

3.1.2　确定性预测方法

确定性预测方法是在严格的电磁波传播理论基础上，根据电磁辐射源或者电波传播初始条件，结合所研究区域的边界条件，经过严格的波动方程求解，从而获得传播路径上的电磁场值分布。一般来说，初始条件由辐射源或者所选取的参考面上的场值分布决定。边界条件则受到传播环境的约束，而且随着传播路径发生变化。需要指出，初始条件往往是确定性因素，而边界条件则可能为时间的函数。由于边界条件的建立基础是传播环境，因此针对电波传播区域及其内部散射体或反射体的几何建模对于边界条件的精度具有重要影响。

由于确定性预测模型对于指定区域的电磁场值分布预测精度很高，相关的计算电磁学算法与建模技术因此成为当前电波传播领域重要的研究热点。射线追踪法是一种在无线通信系统信道建模与网络工程中常用的高频近似方法，具有较高的数值计算精度与算法效率。此外抛物方程法与波导模式理论也在确定性预测模型中被广泛应用。在实际无线网络建设中，此类方法通常用来预测复杂地形、地物、气象等条件下的电波传播特性，相应的电磁传播模型都需要收发信机之间的地理参数（边界条件信息）来建立。在确定性预测模型中，需要通过综合考虑电波传播过程中的反射、绕射、折射和散射等诸多传播现象，进而对传播衰减、衰落与时延等进行数值计算分析。

3.2 典型区域预测模型

良好的覆盖是移动通信系统设计的主要任务之一，即在满足移动用户所需的话务容量条件下，使网络达到满意的质量（覆盖率、语音质量、掉话率和接通率等）。而接收信号的强度与质量主要受发射机与接收机之间的电波路径损耗的影响。在移动终端的运动轨迹上，接收信号受到慢衰落的影响，从而呈现中等尺度信号强度变化。这是收发信机之间障碍物引起的信号衰减。一般情况下，慢衰落引起的信号变化速率与移动终端周围障碍物的尺寸大小有关，所以在农村等开阔传播环境中的局部电平平均值的变化要比城区传播环境中的更为平滑。根据电波传播理论，引入障碍物因素的局部平均信号电平值可以通过路径损耗传播模型来预测。

考虑到移动通信环境的多样性，需要针对特定的环境类型设计出相应的电波传播模型，从而用于路径损耗预测。根据常见的传播模型特征，通常对宏蜂窝、微蜂窝及微微蜂窝三种通信场景下的典型区域预测模型进行研究。

宏蜂窝通常指面积较大的通信环境，覆盖范围达到 1~30 km，其基站天线一般架设于覆盖区域附近的较高建筑物或者铁塔上。该场景通常不存在直射路径，无线多径信道的包络统计特性呈现瑞利分布特征。

微蜂窝覆盖范围较小，一般在 0.1~1 km 内。其基站天线高度与建筑物高度相近。此类环境中的覆盖区域往往无法实现规则形状的小区规划，而是需要结合城市环境建设开展无线网络规划设计。通常微蜂窝网络中存在视距（LOS）和非视距（NLOS）两种电波传播路径，因而多径信道的统计特性呈现莱斯分布特征。

微微蜂窝自从 3G 移动通信系统部署后，开始受到广泛的关注与研究。微微蜂窝的覆盖范围为 0.01~0.1 km，根据通信环境，可以分为室内网络与室外网络两种。基站天线根据网络规划需求部署于较低建筑物上或者建筑物内部。在微微蜂窝网络中，LOS 和 NLOS 均广泛存在，需要根据通信制式与频段分别进行分析。

不同的通信环境应当采用相应的电波传播模式进行分析。对于具有开阔和障碍物均匀分布特点的宏蜂窝场景，广泛采用经验模型与半经验模型；对于具有均匀分布楼体的微蜂窝场景，则一般采用半经验模型来进行路径损耗分析；对于建筑物分布结构比较特殊和建筑材料多样化的微蜂窝与微微蜂窝场景，应采用确定性模型进行针对性建模分析。目前常用移动通信电波传播模型与可应用的通信场景关系如表 3.1 所示。

表 3.1　常用移动通信电波传播模型与可应用的通信场景关系

宏 小 区			微 小 区	室内经验模型
经验模型	半经验模型	其他模型		
Okumura-Hata	Ikegami	Andersen①	双射线	长距离路径损耗
COST 231-Hata	Walfish & Bertoni	Zhang①	多射线	衰减因子
Lee	Xia & Bertoni	Saunder②	多缝隙波导模式	Keenan-Motley
Ibrahim & parsons	COST Walfish-Ikegami	Bonar②	Uni-Lund 模式	多墙模式③
McGeehan & Griffiths				
Atefi & parson				
Sakagami-Kuboi				

注：① 基于多次绕射的 UTD 模型；② 物理光学表达式；③ 对墙的多次 GTD 反射＋在拐角处的 UTD绕射＋从地面上的 GTD 反射。

3.2.1　Okumara-Hata 模型

1. Okumara(奥村)模型原理

在宏蜂窝场景中，由于移动终端通常位于城市街道建筑物屋顶平面以下，因此直射路径的信号大概率被遮挡。目前针对该通信环境，开发出几种基于实测数据的经验模型，结合统计学方法可以获得拟合的城市电波传播模型。可见经验模型需要结合城市地形特征与地图信息才能发挥最大作用。

在无线网络建设中，奥村模型是一种常用的且经过工程实践验证的经验模型。该模型是由奥村与其合作者根据在日本东京近郊广泛测试的结果得到的。奥村模型的数据是由大量实测资料形成的，该模型已在全世界范围内得到广泛采用(利用修正因子可使它适用于非东京地区)。20 世纪 60 年代，奥村等人在东京近郊采用宽频天线，改变基站天线与移动台高度，并对各类不规则地形与环境条件进行接收信号测量，从而形成一系列图表。该图表以基站天线高度与工作频率为参量，用于反映接收场强与传播距离的关系。根据奥村模型，可以获得各种环境中的结果，包括在开阔地和市区中场强对距离的依赖关系、市区中值场强对频率的依赖关系以及市区和郊区的差别。尽管测试在 200 MHz、435 MHz、922 MHz、1320 MHz、1430 MHz 和 1920 MHz 上进行，但是其结果已经被外推和插入到100～3000 MHz 之间的频率上。

奥村模型建立的基本思路是将"准平坦地形"作为分析和描述传播特性的基准，进而引入各类修正方法，使其能够广泛应用于多种通信场景，见图 3.1。一般情况下，所谓"准平坦地形"是指在传播路径的地形剖面上起伏高度在 20 m 以下，起伏是缓慢的并且平均地面高度相差不大(在 20 m 以内)。除此之外的地形被定义为"不规则地形"，包括丘陵地形、孤立山峰、倾斜地形和水陆混合路径，如图 3.2 所示。

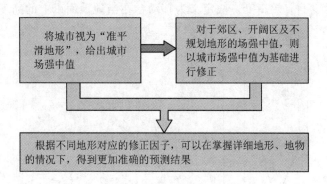

图 3.1　奥村模型建立思路

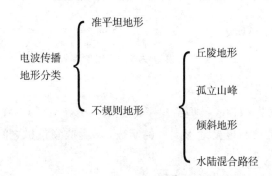

图 3.2　常见电波传播地形分类

　　需要指出的是，尽管在各类电波传播地形场景中电磁波传播具有不同的特点，但是接收机侧的建筑物、植被及人体等近场环境均会对接收电磁场的强度与极化状态产生各种方式的影响。因此过于详细的传播环境分类无助于工程应用，并且会使得找出所给定区域的移动无线电场强变得更加困难。一般情况下，按建筑物与植被密度和对电波传播的阻挡程度，传播环境可分成以下三类：

　　(1) 开阔区。在电波传播路径上没有高大的树木或建筑物等障碍物的开阔地带，并且前方 300～400 m 以内为没有任何阻挡的小片场地，如农田、广场等均属于开阔区。

　　(2) 郊区。村庄或两边有稀疏树木和建筑物的公路，即在移动终端附近有不太密集的障碍物。

　　(3) 市区。高楼林立的城市，或具有大建筑群和中低层楼房的乡镇，或房屋密集、高大树木茂盛的大型村庄。

　　采用奥村模型进行路径损耗预测时，首先要判断对象地形属于哪类传播环境，并且针对特殊地形加以修正处理。对于不规则地形和其他特殊路径(如笔直的市区街道)的修正，通常不能通过数值计算完成，而是需要结合工程经验实施。

为了拓展奥村模型的应用范围，对基站天线的有效高度进行了定义，如图 3.3 所示。从图中可以看到，有效天线高度(h_{te})被定义为天线相对海平面高度(h_{ts})减去从 3 km 到 15 km 之间的平均地面高度(h_{ga})。该有效天线高度可以运用于无线电波传播路径损耗计算公式中。移动台天线的有效高度一般定义为移动台在当地地面以上的高度 h_m。

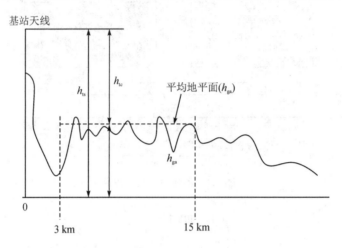

图 3.3 奥村模型中基站天线的有效高度

2. Hata 模型

在奥村模型的基础上，Hata 模型给出了形式为 Loss(损耗)＝$A＋B\lg d$ 的简单公式，式中 A 和 B 是频率、天线高度及地形类型的函数，d 是收发信机之间的距离。

Hata 公式的应用条件包括：

(1) 工作频率在 100～1500 MHz 之间；

(2) 传播距离在 1～20 km 之间；

(3) 基站天线高度在 30～200 m 之间；

(4) 移动台天线高度在 1～10 m 之间。

奥村模型中值路径损耗的 Hata 公式被国际无线电咨询委员会(CCIR)采纳，其具体表达式为

$$L_{ccir} = 69.55 + 26.16\lg f - 13.82\lg h_b +$$
$$(44.9 - 6.55\lg h_b)\lg d - a(h_m)$$

$$(3.1)$$

式中，f 是频率，单位为 MHz；d 是距离，单位为 km；h_b 是基站天线的有效高度，单位为 m。对于移动台天线高度 h_m，使用了移动台高度修正因子 $a(h_m)$，它在各种环境中的值为

$$\begin{cases} a_m(h_m) = (1.1\lg f - 0.7)h_m - 1.56\lg f + 0.8, & \text{中等城市} \\ a_2(h_m) = 8.29\lg^2(1.54h_m) - 1.1, & \text{大城市，} f \leqslant 200\ \text{MHz} \\ a_4(h_m) = 3.2\lg^2(11.75h_m) - 4.97, & \text{大城市，} f \geqslant 400\ \text{MHz} \end{cases} \quad (3.2)$$

对于郊区，路径损耗为

$$L_s = L_{ccir} + L_{ps} \quad (3.3)$$

其中：

$$L_{ps} = -2\lg^2\left(\frac{f}{28}\right) - 5.4 \tag{3.4}$$

对于开阔地，路径损耗为

$$L_o = L_{ccir} + L_{po} \tag{3.5}$$

$$L_{po} = -4.78\lg^2 f + 18.33\lg f - 40.94 \tag{3.6}$$

需要指出的是 Hata 模式没有考虑奥村模型中的所有地形修正。

3. 修正的 Hata 公式

考虑到拓展 Hata 模型的应用范围，对 Hata 公式进行修正可以提高其与奥村实验曲线的拟合精度。利用表 3.2 中的修正参数，可以在奥村曲线的整个有效范围内提高 Hata 公式的精度。

表 3.2　修正 Hata 模型的参数列表

参　数	定　义	有效范围/km
L_{mh}	修正的 Hata 传播损耗中值/ dB	—
h_b	基站天线有效高度/ m	30～300
h_m	移动台天线高度/ m	1～10
U	0=小城市/中等城市，1=大城市	0～1
U_r	0=开阔地，0.5=郊区，1=市区	0～1
B_1	陆地上建筑物的百分比（标称值）	3～50
d	距离/ km（不超过电波地平线）	1～100
f	频率/ MHz	100～3000

下面通过增加三项修正因子：地球曲率的修正因子 S_{ks}、郊区/市区修正因子 S_o 及建筑物的百分比修正因子 B_o，对初始 Hata 公式进行修正。

通过定义转移函数为

$$F_1 = \frac{300^4}{f^4 + 300^4} \tag{3.7}$$

$$F_2 = \frac{f^4}{300^4 + f^4} \tag{3.8}$$

可以得到地球曲率的修正因子：

$$S_{ks} = \left(27 + \frac{f}{230}\right)\lg\left[\frac{17(h_b + 20)}{17(h_b + 20) + d^2}\right] + 1.3 - \frac{|f - 55|}{750} \tag{3.9}$$

式中 S_{ks} 能够改善较长传播路径情况下的奥村曲线精度。郊区/市区修正因子可以利用城市参数 U_r 经线性转换得到

$$S_o = (1 - U_r)\left[(1 - 2U_r)L_{po} + 4U_r L_{ps}\right] \tag{3.10}$$

通过将移动台天线高度修正因子与式(3.7)和式(3.8)频率转移函数,以及小城市/大城市参数 U 结合,可以得到总高度修正因子:

$$ah_m = (1-U)a_m h_m + U[a_2(h_m)F_1 + a_4(h_m)F_2] \tag{3.11}$$

其中陆地上建筑物的百分比修正附加项为

$$B_o = 25\lg B_1 - 30 \tag{3.12}$$

结合 Hata 公式(3.1)～式(3.9)～式(3.12),就得到修正后的 Hata 公式:

$$L_{mh} = L_{ccir} + S_o + S_{ks} + B_o \tag{3.13}$$

4. Hata-Davidson 模型

表 3.3　$A(h_1, d_{km})$ 和 $S_1(d_{km})$ 参数列表

距　离	$A(h_1, d_{km})$	$S_1(d_{km})$
$d_{km} < 20$	0	0
$20 \leqslant d_{km} \leqslant 64.38$	$0.62137(d_{km}-20)\left[0.5+0.15\lg\left(\dfrac{h_1}{121.92}\right)\right]$	0
$64.38 \leqslant d_{km} < 300$	$0.62137(d_{km}-20)\left[0.5+0.15\lg\left(\dfrac{h_1}{121.92}\right)\right]$	$0.174(d_{km}-64.38)$

Hata-Davidson 模型也是一种基于 Hata 模型建立的模型,其包含的主要参数为区域类型参数、接收天线参数和频率距离修正参数,该模型基于高于平均地形高度的发射天线来计算场强中值。Hata-Davidson 的路径损耗计算公式可表示为

$$L_{HD} = L_{hata} + A(h_1, d_{km}) - S_1(d_{km}) - S_2(h_1, d_{km}) -$$
$$S_3(f_{MHz}) - S_4(f_{MHz}, d_{km}) \tag{3.14}$$

式中,L_{hata} 为传统 Hata 模型的路径损耗,$A(h_1, d_{km})$ 和 $S_1(d_{km})$ 为拓展范围到 300 km 的距离修正因子,如表 3.3 所示。

S_2 为频率拓展到 2500 MHz 的基站天线高度修正因子:

$$S_2(h_1, d_{km}) = 0.00784\left|\lg\left(\frac{9.98}{d_{km}}\right)\right|(h_1-300), \quad h_1 > 300 \text{ m} \tag{3.15}$$

S_3 和 S_4 为频率拓展到 1500 MHz 的频率修正因子:

$$S_3(f_{MHz}) = f_{MHz}/250 \lg\left(\frac{1500}{f_{MHz}}\right) \tag{3.16}$$

$$S_4(f_{MHz}, d_{km}) = \left[0.112\lg\left(\frac{1500}{f_{MHz}}\right)\right](d_{km}-64.38), \; d_{km} > 64.38 \text{ km} \tag{3.17}$$

3.2.2　典型城市环境传播模型

1. Walfisch-Bertoni 模型

Walfisch-Bertoni 模型是一种用来预估城市环境电波传播特性的物理模型,如图 3.4 所

示。该模型包括四条主要传播路径：在终端附近建筑物顶部的衍射路径①，来自终端建筑物顶部反射到终端的路径②，建筑物穿透路径③，多次反射路径④。在部分工程案例中，路径③与路径④可以根据现场具体环境考虑将其忽略。

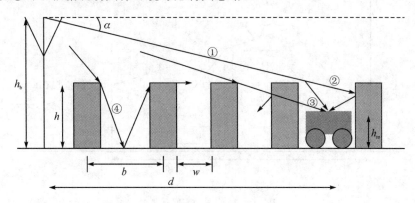

图 3.4 Walfisch-Bertoni 模型示意图

为了得到街道的水平绕射场，需要在终端前的建筑物顶部引入直射场，屋顶场强为

$$E_{\text{Roof}} \approx 0.1 \left(\frac{\alpha \sqrt{\frac{b}{\lambda}}}{0.03} \right)^{0.9} \tag{3.18}$$

其中掠射角 α 与相邻建筑物的间隔 b 如图 3.4 所示。

该模型总路径损耗表示为自由空间损耗 L_{F} 与街道发生的衍射损耗 L_{ex} 之和。由于街道中的衍射效应，终端接收场强 E_{r} 可通过屋顶场强 E_{Roof} 乘以一个因子得到：

$$E_{\text{r}} = E_{\text{Roof}} \frac{\sqrt{\lambda}}{2\pi} \left[\left(\frac{b}{2} \right)^2 + (h - h_{\text{m}})^2 \right]^{\frac{1}{4}} \left(-\frac{1}{\gamma - \alpha} + \frac{1}{2\pi + \gamma - \alpha} \right) \tag{3.19}$$

其中，h 为建筑物高度，h_{m} 为移动天线高度，角度 γ 和 α 以弧度为单位。

$$\gamma = \arctan \left[\frac{2(h - h_{\text{m}})}{d} \right] \tag{3.20}$$

$$\alpha = \frac{h_{\text{b}} - h}{d} - \frac{d}{2r_{\text{e}}} \tag{3.21}$$

其中 r_{e} 为有效地球半径。结合式(3.19)～式(3.21)，街道发生的衍射损耗为

$$L_{\text{ex}} = 57.1 + A + \lg f_{\text{c}} + 18 \lg d - 1 \lg \left[1 - \frac{d^2}{17(h_{\text{b}} - h)} \right] \text{(dB)} \tag{3.22}$$

式(3.22)的最后一项表示地球曲率程度，通常可忽略。建筑物几何因子 A 可表示为

$$A = 5 \lg \left[\left(\frac{b}{2} \right)^2 + (h - h_{\text{m}})^2 \right] - 9 \lg b + 20 \lg \left\{ \arctan \left[\frac{2(h - h_{\text{m}})}{b} \right] \right\} \tag{3.23}$$

2. Ikegami 模型

Ikegami 模型的特点在于基于几何光学近似建立一个简单的双线模型，用于分析和预估城市区域场强，如图 3.5 所示。Ikegami 模型基于日本东京的路测数据，其对射线路径的追踪是根据具体城市地图中建筑物的高度、形状和位置信息而完成的。该模型充分考虑了

终端附近建筑物单元的单刃边缘衍射，并假设建筑物墙壁的反射损耗为固定值。终端的接

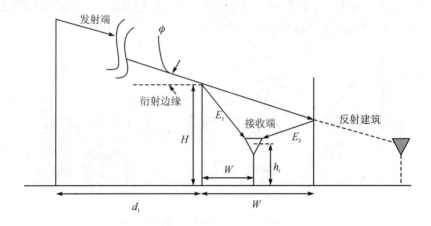

图 3.5　Ikegami 模型示意图

收场强为

$$E_m = E_{FS} - 10\lg f_{MHz} - 10\lg(\sin\varphi) - 20\lg(h_b - h_m) +$$

$$10\lg W + 10\lg\left(1 + \frac{3}{L_r^2}\right) + 5.8 \tag{3.24}$$

其中，E_m 与 E_{FS} 分别为局部均值场强和自由空间场强，$L_r = -6\ dB$ 表示地面反射损耗，ϕ 为街道与基站到移动端之间直射线的夹角，W 为街道宽度。

　　需要指出的是，Ikegami 模型中假设建筑物高度相等，且基站高度不影响该区域的电波传播，而且该模型的场强预估值主要由衍射和反射路径分量决定。

3. 平坦边缘模型

　　与 Ikegami 模型类似，Saunders 提出的平坦边缘模型也假设建筑物等高且等间距，如图 3.6 所示。其中 r_1 为基站到第一个建筑的距离，α 为最后一个建筑顶端的基站天线高度角，d_m 为移动单元到最后一个建筑的距离。额外路径损耗为

$$L_E = L_{n-1}(t)L_{ke} \tag{3.25}$$

式中，L_{ke} 为最后一个建筑的单刃边缘衍射损耗，L_{n-1} 为剩余 $n-1$ 个建筑的多衍射损耗。L_{n-1} 为 t 的函数，即

$$L_n(t) = \frac{1}{n}\sum_{m=0}^{n-1} L_m(t)F_S(-jt\sqrt{n-m})，对于 n \geqslant 1, L_0(t) = 1 \tag{3.26}$$

$$t = -\alpha\sqrt{\frac{\pi w}{\lambda}} \tag{3.27}$$

$$F_S(jx) = \frac{e^{-jx^2}}{\sqrt{2}j}\left\{\left[S\left(x\sqrt{\frac{2}{\pi}}\right) + \frac{1}{2}\right] + j\left[C\left(x\sqrt{\frac{2}{\pi}}\right) + \frac{1}{2}\right]\right\} \tag{3.28}$$

其中 S 和 C 为菲涅耳积分。平坦边缘模型的总路径损耗可以由自由空间损耗与额外路径损耗 L_E 之和得到。

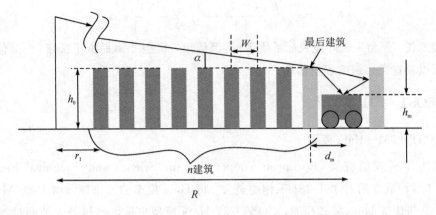

图 3.6　平坦边缘模型示意图

3.2.3　身体模型

在移动通信系统中，身体模型对于终端侧接收场强会产生重要影响。当处于通信状态时，身体尺寸、形状和姿势以及天线与用户身体的方向和距离都会成为无线通信系统的一部分，称为身体区域网络或体域网（Body-Area Network，BAN）。因为 BAN 将影响移动信号的接收幅度与极化状态，所以需要将身体因素引入到移动无线传播的整体路径损耗预测中。对于当前无线网络，针对宏蜂窝与微蜂窝（含室内蜂窝）网络，可以将身体模型分为两种。

1. 模型 1

将接收信号分解为常量 LOS 信号与符合瑞利分布的时变信号，那么第 i 个接收单元与第 j 个发射单元之间的子信道的 MIMO 信道矩阵可以表示为

$$h_{ij}(t) = \sqrt{\frac{P_{\mathrm{r}}}{K+1}} \left[\sqrt{K}\, \mathrm{e}^{\mathrm{j}\varphi_{ij}} + z_{ij}(t) \right] \tag{3.29}$$

式中，K 为莱斯因子，ϕ_{ij} 为第 j 个发射单元到第 i 个子信道的常数分量的相位，$z_{ij}(t)$ 为 NLOS 相关分量。相位 ϕ_{ij} 在 $[0, 2\pi]$ 之内随机分布。这样，对于给定发射端接收单元间隔，接收功率项 P_{r} 可建模为

$$P_{\mathrm{r}}(d) = P_{\mathrm{r}}(d_0) - 10 n \lg\left(\frac{d}{d_0}\right) + X_{\mathrm{shad}}(d) \tag{3.30}$$

其中，第一项对应于 LOS 分量，第二项对应于 NLOS 分量，n 由经验参数结合实测数据拟合获得，$X_{\mathrm{shad}}(d)$ 为对数分布阴影项。

2. 模型 2

模型 1 中，终端侧的接收天线没有包含其位置变化、指向和阴影遮挡导致的等价统计。模型 2 在接收功率 P_{r} 和莱斯 K 因子上引入了索引 i，以表示接收天线环境特征，则 MIMO 信道矩阵可表示为

$$h_{ij}(t) = \sqrt{\frac{K_i \, (P_r)_i}{K_i + 1}} \, \mathrm{e}^{\mathrm{j}\varphi_{ij}} + \sqrt{\frac{(P_r)_i}{K_i + 1}} \, z_{ij}(t) \tag{3.31}$$

一般来说，模型 1 较好地表征了腰带-胸部信道，模型 2 则提供了腰带-头部信道的更可靠表征以及这类信道的容量估计。

3.2.4　COST - 231 模型

1. COST - 231 - Hata 模型

欧洲协作科技研究局（European Cooperative for Science and Technical Research，EURO-COST）成立的 COST-231 工作委员会，将 Hata 模型的工作频段由 1500 MHz 拓展至 2 GHz。与传统 Hata 模式相同，COST-231-Hata 模型也是以奥村等人的测试结果作为根据。通过对较高频段的奥村传播曲线进行分析，得到了以下路径损耗公式：

$$L_b = 46.3 + 33.9 \lg f - 13.82 \lg h_b - a(h_m) + (44.9 - 6.55 \lg h_b) \lg d + C_m \tag{3.32}$$

其中，$a(h_m)$ 是移动台高度修正因子，由式（3.32）确定；C_m 为城市修正因子，可表示为

$$C_m = \begin{cases} 0 \text{ dB}, & \text{树木密度适中的中等城市和郊区的中心} \\ 3 \text{ dB}, & \text{大城市中心} \end{cases} \tag{3.33}$$

COST-231-Hata 模型各参数的适用范围如表 3.4 所示。该模型仅适用于大区制蜂窝和小区制蜂窝移动通信系统，即基站天线高度高于基站邻近建筑物的屋顶高度，不适用于基站天线高度较低的微蜂窝场景。

表 3.4　COST-231-Hata 模型参数适用范围

f/MHz	h_b/m	h_m/m	d/km
1500~2000	30~200	1~10	1~20

2. COST-231-Walfisch-Ikegami 模型

COST-231 工作委员会根据 Walfisch-Beroni 和 Ikegami 的工作及实验结果创建了适用于市区环境的 COST-231-Walfisch-Ikegami 模型。该模型结合 Walfisch-Bertoni 模型对城区环境的计算结果与 Ikegami 模型处理街道走向的修正函数，并且考虑了用于处理固定基站天线低于屋顶高度的情况的实验修正因子。该模型能够处理基站天线高度较低情况下的传播问题，是经验模型和确定性模型的结合。COST-231-Walfisch-Ikegami 模型在应用过程中需要采用以下多项市区环境特征参数（见图 3.7）：

（1）建筑物高度；

（2）道路宽度；

（3）建筑物的间隔；

（4）相对于直达无线电路径的道路方位。

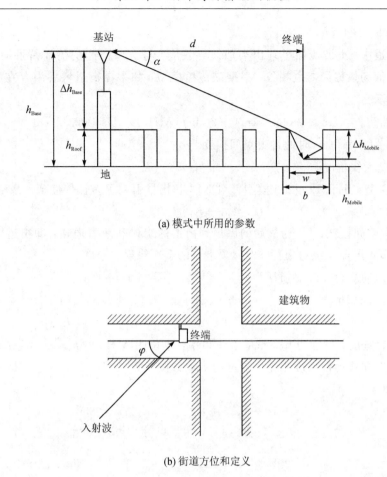

(a) 模式中所用的参数

(b) 街道方位和定义

图 3.7　COST-231-Walfisch-Ikegami 模型参数

　　尽管 COST-231-Walfisch-Ikegami 模型可以用在大蜂窝、小蜂窝以及微蜂窝中，但是，当基站天线高度稍有变化时，并且该基站天线又是处在和它差不多高的建筑物之中时，路径损耗将发生剧烈跃迁。处于这种高度的基站天线一般会引起较大的预测误差。因此，在这种情况下使用 COST-231-Walfisch-Ikegami 模式应当谨慎设置环境参数。对于微蜂窝场景，COST-231-Walfisch-Ikegami 模型考虑了包括街道峡谷在内的三种视距情况，但是没有引入拐角处的绕射效应；对于微蜂窝中有阻挡损耗的路径，该模型仅有一个相对于基站天线高度的粗略经验函数。

　　COST-231-Walfisch-Ikegami 模型应用于两种通信场景：① 低基站天线情况，适用于 LOS 场景；② 高基站天线情况，适用于 NLOS 场景。该模型的参数应用范围如表 3.5 所示。

表 3.5　COST-231-Walfisch-Ikegami 模型参数适用范围

f/MHz	h_{Base}/m	h_{Mobile}/m	d/km
800~2000	4~50	1~3	0.02~5

（1）低基站天线情况。

在城区街道中，电波传播呈现出类似波导效应，与自由空间的传播特性有明显差别。一般将这种通信场景称为街道峡谷。根据该传播模型，如果在街道峡谷中存在 LOS 路径，则路径损耗表示为

$$L = 42.6 + 26 \lg d(\text{km}) + 20 \lg f(\text{MHz}), \quad d \geqslant 0.02 \text{ km} \tag{3.34}$$

式中常数 42.6 为 $d = 20$ m 时的自由空间损耗。

（2）高基站天线情况。

COST-231-Walfisch-Ikegami 模型针对 NLOS 场景引入了多径传播项，路径损耗为

$$L = L_{\text{bf}} + L_{\text{rts}} + L_{\text{msd}} \tag{3.35}$$

式中 L_{bf} 为自由空间损耗；L_{rts} 为最后的屋顶到街道的绕射和散射损耗，即街道内的绕射和反射；L_{msd} 为多重屏前向绕射损耗，即屋顶上方的多次绕射。

屋顶到街道的绕射和散射损耗为

$$L_{\text{rts}} = \begin{cases} -16.9 - 10 \lg w + 10 \lg f + 20 \lg \Delta h_{\text{Mobile}} + L_{\text{ori}}, & h_{\text{Roof}} > h_{\text{Mobile}} \\ 0, & L_{\text{rts}} < 0 \end{cases} \tag{3.36}$$

式中，w 是街道宽度，单位为 m；f 是工作频率，单位为 MHz；$\Delta h_{\text{Mobile}} = h_{\text{Roof}} - h_{\text{Mobile}}$，为最后建筑物高度和移动台高度之差，单位为 m，如图 3.7(a) 所示。其中 L_{ori} 是街道方向因子，表示为

$$L_{\text{ori}} = \begin{cases} -10 + 0.354\varphi, & 0° \leqslant \varphi < 35° \\ 2.5 + 0.075(\varphi - 35), & 35° \leqslant \varphi < 55° \\ 4.0 - 0.114(\varphi - 35], & 55° \leqslant \varphi \leqslant 90° \end{cases} \tag{3.37}$$

式中 φ 的定义见图 3.7(b)。

多重屏绕射损耗为

$$L_{\text{msd}} = \begin{cases} L_{\text{bsh}}^{(1)} + k_a^{(1)} + k_d^{(1)} \lg d + k_f^{(1)} \lg f - 9 \lg b \\ 0 & L_{\text{msd}} < 0 \end{cases} \tag{3.38}$$

其中 $L_{\text{bsh}}^{(1)}$ 和基站天线相对于建筑物的高度 $\Delta h_{\text{Base}} = h_{\text{Base}} - h_{\text{Roof}}$ 有关

$$L_{\text{bsh}}^{(1)} = \begin{cases} -18 \lg[1 + \Delta h_{\text{Base}}], & h_{\text{Base}} > h_{\text{Roof}} \\ 0 & h_{\text{Base}} \leqslant h_{\text{Roof}} \end{cases} \tag{3.39}$$

由式(3.39)可见，若 $h_{\text{Base}} > h_{\text{Roof}}$，则 $\Delta h_{\text{Base}} = 0$，$L_{\text{bsh}}^{(1)}$ 的计算值为负值，实际上代表的是基站天线高度的增益。

$k_a^{(1)}$ 代表当基站天线低于邻近建筑物屋顶时路径损耗的增加，$k_d^{(1)}$ 和 $k_f^{(1)}$ 分别控制对距离和无线电频率的多屏绕射损耗的依赖性。

$$k_a^{(1)} = \begin{cases} 54 & h_{\text{Base}} > h_{\text{Roof}} \\ 54 - 0.8\Delta h_{\text{Base}}, & d \geqslant 0.5 \text{ km 及 } h_{\text{Base}} \leqslant h_{\text{Roof}} \\ 54 - 0.8 \dfrac{\Delta h_{\text{Base}}}{0.5}, & d < 0.5 \text{ km 及 } h_{\text{Base}} \leqslant h_{\text{Roof}} \end{cases} \tag{3.40}$$

$$k_d^{(1)} = \begin{cases} 18 & h_{\text{Base}} > h_{\text{Roof}} \\ 18 - 15\Delta h_{\text{Base}}/h_{\text{Roof}}, & h_{\text{Base}} \leqslant h_{\text{Roof}} \end{cases} \tag{3.41}$$

$$k_{\mathrm{f}}^{(1)} = -4 + \begin{cases} 0.7\left[\left(\dfrac{f}{925}\right)-1\right], & \text{树木密度适中的城市和郊区中心} \\ 1.5\left[\left(\dfrac{f}{925}\right)-1\right], & \text{大城市中心} \end{cases} \tag{3.42}$$

表 3.6 给出了关于建筑物和道路构造的推荐缺省值。

表 3.6 COST-231-Walfisch-Ikegami 模式中关于建筑物和道路构造的缺省值

b/m	w	h_{Roof}	屋顶参数	φ
20～50	$b/2$	3 m×楼层数＋屋顶参数	3 m 倾斜层 0 平层	90°

3. COST-231 模型应用范围讨论

在无线网络工程建设中，当基站天线的高度低于建筑物屋顶时，不能采用 Hata 模型与 COST-231-Hata 模型。长期工程实践已经证明了，COST-231-Walfisch-Ikegami 模型能够应用于 900～1800 MHz 频段以及无线电路径长度在 100 m～3 km 之间的通信环境。当基站天线的高度接近屋顶高度时，路径损耗作为基站天线高度函数，其斜率将表现为非常陡峭，导致 COST-231 模型出现较大的误差。只有在基站天线远高于屋顶时，COST-231-Walfisch-Ikegami 模型才能得到较为准确的预测结果。Hata 模型与 Walfisch-Ikegami 模型的路径损耗如表 3.7 所示，可见 Hata 模型预测的路径损耗比 Walfisch-Ikegami 模型的低 13～16 dB，这是因为 Hata 模型忽略了来自街宽、街道绕射和散射损耗的影响。

表 3.7 Hata 模型和 Walfisch-Ikegami 模型的路径损耗

距离/km	路径损耗/dB	
	Hata 模型	Walfisch-Ikegami 模型
1	126.16	139.45
2	136.77	150.89
3	142.97	157.58
4	147.37	162.33
5	150.79	166.01

3.2.5 Lee 宏蜂窝模型

Lee 宏蜂窝模型可以广泛适用于市区与郊区，并且能够结合测量数据通过对参数设置的调整实现使用范围的拓展和预估精度的提高。Lee 宏蜂窝模型中的"点-点"模型是基于基站与终端之间通信链路的变化而进行的接收信号局部均值的预估，进而实现无线网络中所有可能移动路径的局部均值预测。因此"点-点"模型能够有效降低大区域的无线网络规划成本。

Lee 宏蜂窝模型的推荐参考频率为 850 MHz，然而实际应用中，该模型在 150～2400 MHz频率范围内均适用。在欧洲、亚洲与美国开展的 500 多次实测，包括各类城市特征(如密集城市、郊区与农村),均对 Lee 宏蜂窝模型的有效性进行了验证。对于常规宏蜂窝的60°或120°扇区,在每扇区内,可沿半径方向的小距离(径向长度)增量预测局部均值。

　　本节主要讨论 Lee 宏蜂窝模型中的单断点模型、多断点模型和自治模型。多断点模型是目前业界公认能够提供较高预测精度的模型,并且可以对基站近场环境进行准确预测。通过将经验数据输入预估模型,可以有效提高单断点与多断点模型的精度,而自治模型的精度与路径损耗斜率值的选择有关。Lee 宏蜂窝模型的所有三个模式均可进行一定程度的优化,使得特定模型参数和常量可在特定模型里定义。

　　为了便于阐述 Lee 宏蜂窝模型的特征,需要指出该模型主要参数,包括径向长度增量(采样间隔)、增益因子、损耗指数以及反射点与移动信号光滑性之间的距离。这些模型参数值可用于模型选择、路径损耗、截断值等,且与环境类型有关。同时,系统常量通常指与水平高度、地球曲率和地域平均应用有关的参数。

1. 单断点模型

单断点模型是 Lee 宏蜂窝模型三个模型的基础,由下式给出:

$$P_R = P_{r_0} - \gamma \cdot \lg\left(\frac{r}{r_0}\right) - A_f + G_{effh}(h_e) - L + \alpha \tag{3.43}$$

其中,P_R 为接收功率,P_{r_0} 为截断点 r_0 的接收功率,二者单位为 dBm;γ 为径向损耗斜率;r 为基站与移动台之间的距离,r_0 为基站与拦截点之间的距离,其单位均为 km;h_e 为基站天线有效高度,其单位为 m;有效天线高度 h'_e 是从山顶沿山坡到基站的连线与基站交点的高度;A_f 为对默认频率 f_0 的频率补偿调整,表示为

$$A_f = 20\lg\left(\frac{f}{f_0}\right) \tag{3.44}$$

$G_{effh}(h_e)$ 为由地形轮廓带来的有效天线高度增益(无阴影条件),表示为

$$G_{effh}(h_e) = 20\lg\left(\frac{h_e}{h'_1}\right) \tag{3.45}$$

其中,h_1 与 h'_e 分别为基站实际天线高度与最大有效天线高度;$MaxG_{effh}(h'_e)$ 为最大有效天线高度增益,表示为

$$MaxG_{effh}(h'_e) = 20\lg\left(\frac{h'_e}{h'_1}\right) \tag{3.46}$$

L 为刃形边缘损耗与最大天线高度增益之差,表示为

$$L = L_D - 20\lg\left(\frac{h'_e}{h'_1}\right) \geqslant 0 \tag{3.47}$$

α 为信号调整因子,单位为 dB。令 h_1 为基站天线有效高度,h_2 与 h'_2 分别为移动终端的存放高度与实际高度。针对两端实际天线增益 g'_b 和 g_m 以及天线高度 h'_1 和 h'_2 不同于标准条件的情形,α 表示为

$$\alpha = (g'_b - g_b) + (g_m - g'_b) + 20\lg\left(\frac{h'_1}{h_1}\right) + 10\lg\left(\frac{h'_2}{h_2}\right)$$

$$= \Delta g_b + \Delta g_m + \Delta g_{h1} + \Delta g_{h2} \tag{3.48}$$

单断点模型给出的信号强度值包含以下 4 个分量：

（1）区域-区域路径损耗。该路径损耗为模型基线，由传输斜率 γ 和 1 千米截断值 P_{r_0} 导出。因为 P_{r_0} 和 γ 与人造建筑物的形态有关，所以需要根据测量数据给出。利用频率补偿调整 A_f 可以将实际系统中心频率调整到模型参考频率 850 MHz。

（2）有效天线高度增益 G_{effh}。该分量由终端和基站之间的地形传播环境决定，其包括 LOS 和 NLOS 路径。

（3）衍射损耗 L。该分量可以应用 Fresnel-Kirchoff 衍射理论预测得到。对于城市建筑物形成的多刃边，单断点模型采用了 Epstein-Petersen 修正方法和单刃边检验来估计衍射损耗。该分量将源于地形轮廓的影响考虑进了模型，对于阻挡直射信号路径（或称为衍射路径）情形很重要。

（4）调整因子 α。该分量能够补偿基站传输和终端参数集合的默认值。

2. 1 千米截断值的重要性

单断点模型采用的 1 千米截断值 P_{r_0} 表示在标准条件下距离基站 1 千米左右处接收信号的初始参数。采用 1 千米作为截断值进行近场距离传播预测的原因在于：

（1）常规宏站基站天线径向波束宽度较窄（3 dB 波宽约为 $60°$）。考虑到基站天线的主瓣下倾，在 1 千米左右的半径内，终端接收信号比较稳定。

（2）通常情况下，宏站基站附近 1 千米半径范围内道路较少，不会造成由于道路方向引起的接收信号差异。某些环境中，同向与垂直方向的接收信号差异可能达到 $10\sim20$ dB。

（3）在基站 1 千米半径以内，终端接收信号受基站周边建筑群影响较为明显，而当终端距离基站较远时，基站附近环境对接收信号的影响可以忽略不计。

3. 频率补偿校正

频率补偿调整 A_f 是点—点模型（式）的第二个分量。单断点模型的参考频率为 850 MHz，有效频率范围是 $150\sim2400$ MHz。当预测所用中心频率不同于参考频率时，可通过 A_f 进行频段拓展。频率补偿校正算法取决于频率范围与传播环境。为实现频率补偿校正，Lee 宏蜂窝模型将环境类型划分为市区（包含密集市区和市区）与非市区（包含商业郊区、居民区、零散村庄、开放乡村、落叶森林和常绿森林）两种情况，表 3.8 给出了三个频率范围和两种环境类型的频率补偿校正算法。

表 3.8　频率补偿校正算法

市　　区	
150 MHz$\leqslant f\leqslant$450 MHz	$A_f = -30\lg\left(\dfrac{450\text{ MHz}}{850\text{ MHz}}\right) + \left(-20\lg\left(\dfrac{f}{450\text{ MHz}}\right)\right)$
451 MHz$\leqslant f\leqslant$850 MHz	$A_f = -30\lg\left(\dfrac{f}{850\text{ MHz}}\right)$
851 MHz$\leqslant f\leqslant$2400 MHz	$A_f = -30\lg\left(\dfrac{f}{850\text{ MHz}}\right)$

非市区	
150 MHz≤f≤450 MHz	$A_f = -20\lg\left(\dfrac{f}{850\ \text{MHz}}\right)$
451 MHz≤f≤850 MHz	$A_f = -20\lg\left(\dfrac{f}{850\ \text{MHz}}\right)$
851 MHz≤f≤2400 MHz	$A_f = -30\lg\left(\dfrac{f}{850\ \text{MHz}}\right)$

4. 有效天线高度增益

有效天线高度增益是点—点模型(式)的第三个分量。当基站与终端之间不存在地形遮挡时,接收信号由直射和反射路径分量组成。此时,接收信号强度校正不仅与基站天线绝对高度有关,而且受到基站与终端之间地形轮廓的影响。此时可以定义出基站天线有效高度 h_e,进而结合标准条件下天线高度 h_1 来计算有效天线高度增益 G_{effh}。有效高度 h_e 的计算取决于反射点的选择和推导,一般与基站天线高度、终端天线高度、收发信机之间的距离及地形轮廓因素相关。

基站天线有效高度 h_e 的计算步骤如下:

(1)确定镜像反射点。

① 连接基站发射天线镜像与终端接收天线,其与地面交点便是反射点 R_1;

② 连接终端接收天线镜像与基站发射天线,其与地面交点也可看作反射点 R_2。

在反射点 R_1 与 R_2 的基础上,采用距离终端最近的反射点作为镜像反射点。

(2)设定延伸地平面。在镜像反射点沿地形轮廓的平均高度取切线,从镜像反射点回到基站发射天线位置,建立延伸地平面,如图 3.8 所示。

(3)从延伸地平面与 y 轴的交叉点(基站天线所在处)测量基站天线有效高度 h_e。

根据地形轮廓及有效天线高度 h_e 与标准天线高度 h_1 的关系,对有效天线高度增益的计算需要考虑四种不同的情况,见图 3.8。由式(3.45)可知,当实际天线高度与标准天线高度相同时($h_1' = h_1$),式(3.45)简化为

$$G_{effh} = 20\lg\left(\frac{h_e}{h_1}\right) \tag{3.49}$$

(1) 对于 $h_e > h_1$ 的地形斜率上升和平面地形这两种情形,式(3.49)的结果为正增益($G_{effh} > 0$ dB)。

(2) 对于 $h_e < h_1$ 的地形斜率下降和平面地形这两种情形,式(3.49)的结果为负增益($G_{effh} < 0$ dB)。如果 $h_e < h_1/10$,则 h_e 被迫在 $h_1/10$ 达到上限。

5. 衍射路径的衍射损耗

1) 单刃边情形

衍射损耗是模型式(3.43)的第四个分量,由山峰的遮挡而产生。衍射路径是指自基站到终端的直射路径有一个或多个刃型障碍物而受到阻挡(阴影区)或部分阻挡(近阴影区)。

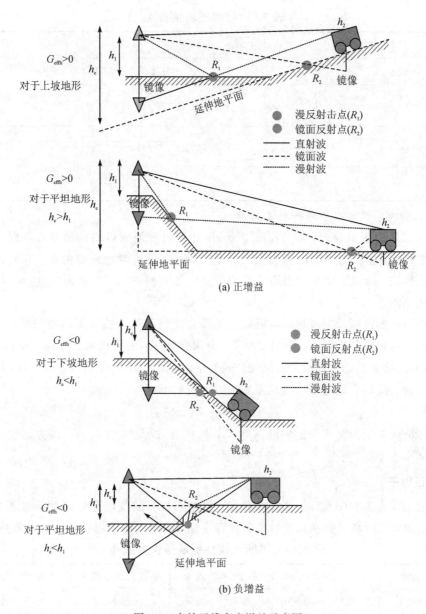

图 3.8 有效天线高度增益示意图

Lee 宏蜂窝模型采用 Fresnel-Kirchoff 衍射理论预测单断点模型中的衍射损耗分量 L。该衍射损耗 L 包含基于刀形衍射损耗 L_D 和来自实际障碍物的修正因子。修正因子由有效天线高度得到。刀形衍射损耗 L_D 基于衍射因子无量纲参数 v 来计算得到

$$v = (-h_p)\sqrt{\left(\frac{2}{\lambda}\right)\left(\frac{1}{r_1}+\frac{1}{r_2}\right)} \tag{3.50}$$

其中，λ 为波长；r_1 为基站到刀边的直线距离（注意不是基站与刀边的水平距离）；r_2 为刀边到移动端的直线距离（注意不是刀边与移动端的水平距离）；h_p 为刀边高度，可高于或低于基站与移动端的连线。结合衍射因子 v，刀形衍射损耗 $L_D(v)$ 可由表 3.9 得到。当信号受到多刀形阻挡时，Lee 宏蜂窝模型估计所有刀形参数并分别对待。

表 3.9　衍射损耗值(L)

$1\leqslant v$	$L=0\ \mathrm{dB}$
$0\leqslant v<1$	$L=20\lg(0.5+0.62v)$
$-1\leqslant v<0$	$L=20\lg(0.5\mathrm{e}^{0.95v})$
$-2.4\leqslant v<-1$	$L=20\lg\left(0.4\sqrt{0.1184-(0.1v+0.38)^2}\right)$
$v<-2.4$	$L=20\lg\left(-\dfrac{0.255}{v}\right)$

2）实际情形：真实山峦的衍射修正

在实际工程应用中发现，由 Fresnel-Kirchoff 衍射理论所得到的预测值会低于实测数据。原因在于衍射损耗公式的计算假设山体是刃型，却没有考虑地球曲率，同时每个山顶的曲率情况不同。所以需要在单刃边情形的计算中加入曲率因子，从而建立更为切合实际的衍射损耗预测方法。

因为在非阴影区域及过渡区域，衍射损耗都会受到有效天线高度增益的影响，所以通常采用 G_{effh} 来修正衍射损耗 L。不同地形下，山顶终端的 G_{effh} 因山坡斜率的差别而不同，山坡越陡峭，G_{effh} 增益越高。刃形衍射损耗公式的衍射参数 v 不包含地形曲率参数，因此需要引入最大有效天线高度增益 $\mathrm{Max}G_{\mathrm{effh}}$ 来修正刃形衍射损耗：

$$L=L_{\mathrm{D}}(v)-\mathrm{Max}G_{\mathrm{effh}} \tag{3.51}$$

该式可解释为降低衍射公式中的实际高度 h_{p}，损耗会减少。应当注意，该方法仅适用于山体斜率角度小于 $10°$ 的情况。

6. 校正因子

校正因子是模型式(3.43)的第五个分量。单断点模型的基础是一系列标准条件，如表3.10 所示。如果实际场景的参数与标准条件存在偏差，则需要采用校正因子 α 来补偿修正。

表 3.10　单断点模型标准条件参数集

基站输出功率 P_{t}	基站天线高度 h_1	移动天线高度 h_2	基站天线增益 g_{b}	移动天线增益 g_{m}
10 W	100 英尺($\sim$30.5 m)	10 英尺($\sim$3.0 m)	6 dBd	0 dBd

与表3.10 相对应，定义了一系列实际环境参数集，如表3.11 所示，并且基于此参数集给出了校正因子 α 的定义：

$$\alpha=10\lg\frac{P_{\mathrm{t}}'}{P_{\mathrm{t}}}+10\lg\frac{h_2'}{h_2}+(g_{\mathrm{b}}'-g_{\mathrm{b}})+(g_{\mathrm{m}}'-g_{\mathrm{m}}) \tag{3.52}$$

表 3.11　单断点模型实际环境参数集

P_{t}'	h_1'	h_2'	g_{b}'	g_{m}'
实际基站输出功率/W	实际基站天线高度/英尺	实际移动天线高度/英尺	实际基站天线增益/dBd	实际移动天线增益/dBd

因为实际移动天线高度(h_2')常固定为标准条件移动天线高度(h_2)的 1/2，故移动天

高度的校正为 $10\lg\left(\dfrac{1}{2}\right)=-3\ \mathrm{dB}$。同样，在实际情况和标准条件下，移动天线增益均固定为 0 dBd，不需要校正。因此，校正因子只需调整实际基站输出功率和实际基站天线增益，并包含 $-3\ \mathrm{dB}$ 移动天线高度校正。式(3.52)可简化为

$$\alpha=10\lg\frac{P'_{\mathrm{t}}}{P_{\mathrm{t}}}+(-3\ \mathrm{dB})+(g'_{\mathrm{b}}-g_{\mathrm{b}}) \tag{3.53}$$

最后需要指出的是，Lee 宏蜂窝模型认为基站天线增益对于损耗预估具有重要影响，而实际无线网络工程中，基站天线增益会随着下倾角发生变化，而且电下倾与机械下倾的方向图差异也会影响预测结果。所以需要在路径损耗预估过程中重视下倾角对辐射源的影响。

本 章 小 结

本章首先给出了无线通信中电波传播建模的方法原则，以及经验测量方法与确定性预测方法的基本概念；然后重点介绍了几种在宏蜂窝场景下广泛使用的典型区域预测模型，包括 Okumara-Hata 模型、典型城市环境传播模型、身体模型、COST-231 模型及 Lee 宏蜂窝模型。其中 Lee 宏蜂窝模型具有较高的预估精度，在移动通信网络建设中应用得较为广泛。这些模型的复杂度、适用范围及表达形式各有特点，在实际工程中需要根据具体的通信场景选择合适的模型进行路径损耗与接收场强预估。

第4章　微蜂窝与室内传播预测模型

在密集城区等通信场景中，应用微蜂窝网络来增加移动通信系统的容量，是一项被业界广泛使用的策略。关于市区微蜂窝系统的电波传播问题已经进行了充分的实验测量与理论研究建模。然而，微蜂窝局部区域的电磁场分布均值预估需要建立在建筑物群投影地图的二维和三维数据的基础上。一般来说，地图数据信息越详细，电波传播模型越精确，同时建模成本也会相应增加。如何在建筑物群地图数据的成本与模型精度之间取得平衡，是一项极具挑战性并且至关重要的工作。

对于移动通信与 WLAN 应用来说，微蜂窝预测是密集城区无线网络规划与设计的重要工具。一般情况下，微蜂窝被定义为在密集城区环境中的一种蜂窝网通信场景，其覆盖范围小于 1 km，并且发射功率较低（小于 1W ERP(Effective Radiater Power)）。这种微蜂窝网络的建设通常与城市建设相结合。在微蜂窝网络中，街道方向与单个建筑社区群对于电磁波信号的接收会产生重要影响。根据实测数据，当传播距离大于 1 km 时，信号将减弱，街道方向变化与单个建筑物群对信号的影响也会明显减弱。然而，当小区半径较小时，在信号到达接收机前，会被传播路径上的各个建筑物多次反射，从而导致接收信号被削弱。

随着移动通信技术的发展，室内通信质量的提升成为 5G 以及未来通信系统研究的重要内容，而在室内环境对无线传播特征的研究则是相关信道理论的基础。室内电波传播建模主要针对路径损耗、阴影衰落、多径效应及信号的时变特性。由室内建筑物引起的穿透损耗与环境突变引起的剧烈衰落是室内电波传播特性研究的难点与重点。

4.1　微蜂窝预测模型

4.1.1　基本原理和算法

1. 微蜂窝预测模型的近场距离

微蜂窝预测模型中的近场距离是微蜂窝无线传播建模的重要参数，其可以由自由空间的平面双线反射模型推导得到，如图 4.1 所示。考虑微站场景，基站与终端之间的距离远大于各自天线的高度，反射波与地面夹角很小，因此终端接收到的信号 s 为

$$s = \sqrt{P_0}\left(\frac{1}{4\pi d/\lambda}\right) \cdot \mathrm{ej}\phi_1\left[1 + a_v \exp(-\mathrm{j}(\phi_1 - \phi_2))\right]$$

$$= \sqrt{P_0}\left(\frac{1}{4\pi d/\lambda}\right) \cdot \mathrm{ej}\phi_1\left[1 + a_v \mathrm{e}^{-\mathrm{j}\Delta\phi}\right] \tag{4.1}$$

所以终端接收功率为

$$P_r = P_0\left(\frac{1}{4\pi d/\lambda}\right)^2 |1 + a_v \mathrm{e}^{-\mathrm{j}\Delta\phi}|^2 \tag{4.2}$$

其中，对于小入射角来说 $a_v = -1$。

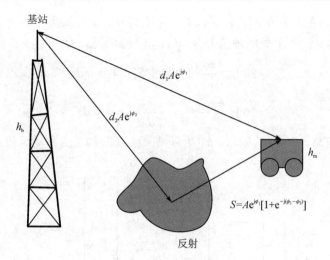

图 4.1　近场距离示意图

直射波与反射波的两个传输路径的相位差为

$$\Delta\phi = \beta\Delta d \approx \frac{2\pi}{\lambda}\frac{2h_1 h_2}{d} \tag{4.3}$$

那么将接收信号 P_r 表示为 $\Delta\phi$ 的函数：

$$P_r = P_0 \frac{2}{(4\pi d/\lambda)^2}(1-\cos\Delta\phi) \tag{4.4}$$

由以上公式可知，当 $\Delta\phi = \pi$ 时，接收信号 P_r 取最大值：

$$P_{rmax} = P_0 \frac{2}{(4\pi d/\lambda)^2}(1-\cos\Delta\phi) = \frac{P_0\lambda^2}{4\pi^2 d^2} \tag{4.5}$$

令式中 $\Delta\phi = \pi$，即

$$\Delta\phi = \frac{2\pi}{\lambda}\frac{2h_1 h_2}{d} = \pi \tag{4.6}$$

因为近场距离的标准是直射波和反射波之间的相位差为 π，所以可得到近场距离 d_f：

$$d_f = \frac{4h_1 h_2}{\lambda} \tag{4.7}$$

　　在近场距离范围内，可以认为信号路径损耗遵循自由空间路径损耗，基本不受反射波影响。需要指出，近场距离这个概念适用于微蜂窝与宏蜂窝模型，但不适用于室内模型。

2. 基本模型

　　微蜂窝指的是小区半径小于 1 km 的蜂窝网络。在微蜂窝场景下，街道方向与建筑物布局对于接收信号产生重要影响。尽管接收信号主要来自建筑物的多次反射波，而非穿透建筑物的透射波，但是路径损耗依然与传播路径中的建筑物个数存在联系。根据测量经验，建筑物的数目与体积的增大都会导致路径损耗增加。微蜂窝传播机制如图 4.2 所示。平面地形的微蜂窝预测公式为

$$\begin{aligned}
P_r &= P_t - L_{LOS}(d_A, h_1) - L_B + G_A + G_a \\
&= P_{LOS} - L_B + G_A + G_a \\
&= P_{OS} + G_a
\end{aligned} \tag{4.8}$$

其中，P_t 为 ERP，单位 dBm。$L_{LOS}(d_A, h_1)$ 为距离 d_A 处天线高度为 h_1 的视距（LOS）路径损耗。距离基站 d_A 的 A 处的理论 $L_{LOS}(d_A, h_1)$ 通用公式为

$$L_{LOS} = 20\lg\frac{4\pi d_A}{\lambda}（自由空间损耗），d_A < d_f$$

$$= 20\lg\frac{4\pi d_f}{\lambda} + \gamma\lg\frac{d_A}{d_f}，d_A > d_f \tag{4.9}$$

其中，d_f 为近场距离，$d_f = 4h_1h_2/\lambda$，h_1 为基站天线高度，h_2 为移动天线高度，γ 为路径损耗斜率。

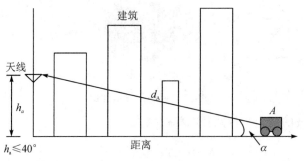

图 4.2　微蜂窝传播机制示意图

L_B 表示建筑物阻挡长度 B 所引起的传输信号受阻损耗，如图 4.3 所示。定义基站到第一个建筑的距离为 d_1，当 $d_1 > 60$ m 时，考虑增益 G_A；当 $d_1 \leqslant 60$ m 时，令 $G_A = 0$。整个建筑物区域的总长度为 $B = a + b + c$，与其相对应的损耗 L_B 为

$$L_B(B = a + b + c) = P_{LOS}(d_A, h_a = h_1) - P_{OS} \tag{4.10}$$

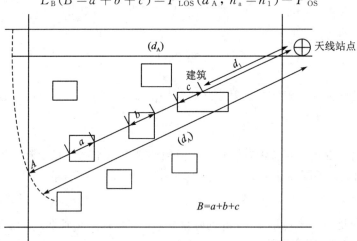

图 4.3　典型基站天线与建筑物布局关系示意图

图 4.3 中的距离 B 为位于传输信号路径上的所有建筑宽度之和。当 $B \geqslant 300$ m 时，L_B 逼近于 18 dB。在实际测试中，当终端由一条街道转向另一街道时，信号强度显著变化，该现象称为转角效应。这是由于在终端转过拐角时建筑物区块长度变化很大引起的。

3. 建筑对微蜂窝预测的影响

考虑到微蜂窝小区半径较小，在本节的 LOS 与 NLOS 场景分析中不考虑地球曲率半

径的影响。

1) 基本 LOS 场景

假设最简单的微蜂窝网络场景，即无建筑物遮挡，且地形为平面，那么路径损耗只存在由电磁波扩散引起的传输损耗 L_{LOS}，则该理想状态平坦地形接收信号强度为

$$P_r = P_t + G_t - L_{LOS} + G_r \qquad (4.11)$$

其中，P_r 与 P_t 分别为接收与发射信号强度，G_t 与 G_r 分别为发射与接收天线增益，L_{LOS} 为 LOS 环境的路径损耗。根据近场距离的判据公式，则可以给出 L_{LOS} 为

$$L_{LOS} = 20\,\lg \frac{4\pi d}{\lambda}, \quad d > d_f$$

$$= 20\,\lg \frac{4\pi d}{\lambda} - \gamma\,\lg \frac{d}{d_f}, \quad d < d_f \qquad (4.12)$$

其中，γ 为斜率，d 为发射端与接收端之间的距离。

对于如图 4.4 所示的斜率上升地形，地表轮廓会影响接收信号。可以引入有效天线增益 G_{effh} 来修正：

$$P_r = P_t + G_t - L_{LOS} + G_r + G_{effh} \qquad (4.13)$$

$$G_{effh} = 20\,\lg \frac{h_e}{h_a} \qquad (4.14)$$

其中，h_e 为基站天线有效高度，而 h_a 为实际高度。

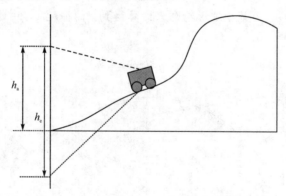

图 4.4　上升坡地基站天线有效高度示意图

2) NLOS 场景

假设地面平坦且不考虑建筑物高度，仅分析建筑物厚度对于损耗的影响。根据图 4.3，整个建筑物群的路径损耗可以表示为

$$L_{B(a+b+c)} = P_{LOS} - P_b \qquad (4.15)$$

其中，P_{LOS} 为 LOS 信号；P_b 为穿过建筑区块后的接收信号（测量局部均值）。

4. 地形效应

1) 非阴影区域

考虑如图 4.5 所示的上坡地形场景，终端的接收信号受到建筑物 1 和建筑物 2 的遮挡，同时，地形轮廓也带来有效天线增益。受这两方面因素的影响，接收信号可表示为

$$P_r = P_t + G_t + G_a - L_{LOS} + G_r + G_{effh} - L_B \tag{4.16}$$

其中，G_a 为天线高度增益；L_{LOS} 为视距损耗；G_{effh} 为有效天线增益；L_B 为建筑阻挡产生的传播损耗。

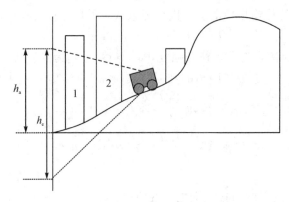

图 4.5　NLOS 场景非阴影区域通信场景示意图

2）阴影区域

当终端位于阴影区域或者受到刃形边缘遮挡时，路径损耗的分析会更为复杂，如图 4.6 所示。其中，d_1 与 d_2 分别是刃边缘与基站天线和终端的距离，h_p 为刃边缘凸起对 LOS 径的遮挡深度。此时接收信号表示为

$$P_r = P_t + G_t + G_a - L_{LOS} + G_r + G_{effh} - L_B - L_D \tag{4.17}$$

其中，有效天线增益 G_{effh} 可基于地形轮廓来计算得到，而损耗 L_B 由建筑阻挡产生，L_D 是由地形带来的衍射损耗。

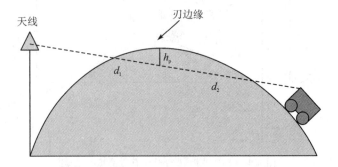

图 4.6　NLOS 场景阴影区域通信场景示意图

4.1.2　典型微站电波传播损耗预估模型

1. 双线反射模型

对于经典空间波传播模型的双线反射模型，接收机处的场强计算只需要考虑直射路径与地面反射路径的贡献。这种简单模型可以处理平坦地区的农村环境，同时也能适用于具有较低基站天线且只存在 LOS 径的微蜂窝小区。在这种情况中，尽管建筑物的墙壁会反射或绕射电波，并使得简单双射线反射模型中的接收场强幅值剧烈或快速变化，但是并不会改变由双射线模型预测的整个路径损耗（幂定律指数 n 的值）。

双线反射模型中路径损耗被表示为收发之间距离 d 的函数，并且可以用两个不同斜率

$(n_1$ 和 $n_2)$ 的直线段近似。两线段之间的突变点(也称为拐点)与发射端之间的距离为

$$d_b = \frac{4h_T h_R}{\lambda} \tag{4.18}$$

式中 h_T 和 h_R 分别是发射天线和接收天线的高度。突变点距离恰好与从发射到接收的第一菲涅耳半径椭球碰到地面的那一点相重合。

微蜂窝双线反射模型的路径损耗表示为

$$L = L_b + 10n_1 \lg\left(\frac{d}{d_b}\right) \quad d \leqslant d_b$$

$$L = L_b + 10n_2 \lg\left(\frac{d}{d_b}\right) \quad d > d_b \tag{4.19}$$

在市区微蜂窝小区的 $1800 \sim 1900$ MHz 工作频段测量结果表明：n_1 的值在 $2.0 \sim 2.3$ 之间，n_2 的值在 $3.3 \sim 13.3$ 之间。对于理论上的双射线地面反射模型，n_1 和 n_2 的值分别是 2 和 4。式(4.19)称为双斜率模型。

为了提升双线反射模型在微蜂窝场景下的预测的精度，UIT-R 8/1 小组提出对原始模型进行修正，采用 3 段路径来代替式(4.19)中的 2 段路径。预测的路径损耗是突变点距离唯一的函数：

$$L = \begin{cases} 40 + 25 \lg d & d < \dfrac{d_b}{2} \\[2mm] 40 + 25 \lg\left(\dfrac{d_b}{2}\right) + 40 \lg\left(\dfrac{2d}{d_b}\right) & \dfrac{d_b}{2} \leqslant d < 4d_b \\[2mm] 40 + 25 \lg\left(\dfrac{d_b}{2}\right) + 40 \lg(4d_b) + 60 \lg\left(\dfrac{d}{4d_b}\right) & d \geqslant 4d_b \end{cases} \tag{4.20}$$

2. 多射线模型

当基站天线高度低于屋顶平面时，多射线模型被广泛应用于 LOS 场景下的市区微蜂窝小区中。考虑到在密集城区，大量街道两侧的建筑物对于电波传播的影响类似于波导，此类多射线模型假设街道为"介质峡谷"结构，并认为接收场值来自直射路径、沿地面的反射路径以及介质峡谷的垂直平面反射路径。理论上会有无数条多径反射的射线达到接收机侧，但是多射线模型中仅考虑最重要的路径对结果的影响。因此双线反射模型可视为只考虑两条射线的多射线模型。目前已经提出了四射线模型和六射线模型。四射线模型由直达射线、地面反射射线和两条被建筑物墙壁反射一次的射线组成。六射线模型和四射线模型的机理相同，再加上两条被建筑物墙反射两次的射线。

3. 多隙缝波导模型

在市区环境中应用多射线模型进行电波传播预估时，一般需要假设沿街道的建筑物连续排列，并且能够等效为波导壁，即建筑物之间不存在间隙。实际城市建设中，不存在理想的建筑物排布状态。通过引入建筑物墙的实际介质特性、实际分布的街道宽度以及从马路上的反射效应，Blaunstein 和 Levin 提出了一个多隙缝波导结构模型。该模型假设城市建筑物结构由两排平行的具有随机分布隙缝(建筑物之间的缺口)的屏(模拟建筑物墙)所形成，考虑了直射路径、建筑物墙壁的多次反射、建筑物拐角的绕射以及地面反射，如图 4.7 所示。

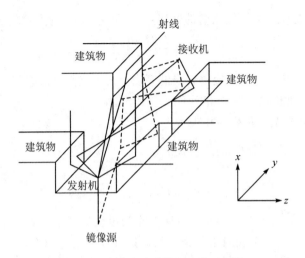

图 4.7　多缝隙波导模型三维示意图

　　规则分布的建筑物组成了城市街道微蜂窝三维波导传播模型。收发信机高度均低于建筑物屋顶。地面反射路径的电波场强可以利用镜像原理计算获得。这种波导在 yz 平面上的投影呈现出具有随机分布屏的平行多隙缝阻抗波导，并且可被认为是二维的城市街道模型，如图 4.8 所示。$z=0$ 与 $z=a$ 处放置两个径向波导壁（a 是径向波导 Ⅰ 街道宽度），而 $y=d$ 与 $y=d+b$（b 是相交街道的宽度）处设置旁边街道的波导壁，建筑物平均高度设置为 h_b。其中，Π_n 表示每条射线路的反向镜像交点。令发射天线为放置于 xz 平面的垂直电偶极子，其高度为 h_T（$0<h_T<h_b$），坐标为 $x=h_T$、$y=0$、$z=h$（$0<h<a$），则径向波导 Ⅰ 和相交波导 Ⅱ 的屏 $L_{n,m}$ 和隙缝 $l_{n,m}$ 的长度分别具有均值为 $\langle L\rangle$ 和 $\langle l\rangle$ 的泊松分布的概率密度函数：

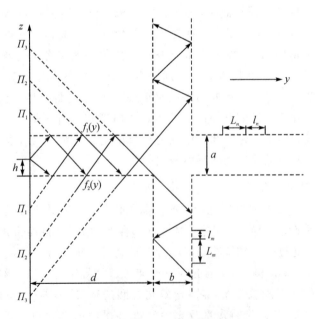

图 4.8　街道路口二维波导示意图

$$p(L_{n,m}) = \langle L \rangle^{-1} \exp\left\{\frac{-L_{n,m}}{\langle L \rangle}\right\}$$

$$p(l_{n,m}) = \langle l \rangle^{-1} \exp\left\{\frac{-l_{n,m}}{\langle l \rangle}\right\}$$

(4.21)

因为该通信场景中的建筑物尺寸均远大于波长，所以可以采用几何绕射理论(GTD)将接收场强分解为来自源的直达波场、来自路面的反射场以及墙面的反射场和来自建筑物边缘的绕射场，如图 4.8 所示。已知电报信号函数 $f_{1,2}(y)$ 的取值为

$$f_{1,2}(y) = \begin{cases} 1 & 在屏上 \\ 0 & 在缝隙上 \end{cases}$$

(4.22)

为了计算来自源的全部场，采用镜像源 Π_n^+（对应于径向街道波导的左侧墙的第一次反射）和 Π_n^-（对应于右侧墙的第一次反射）来代替来自墙的每次反射，式中 $n(n=1,2,3,\cdots)$ 是反射次数（见图 4.8）。考虑到指数分布的屏和隙缝方程，采用 GTD 理论可以简单地计算沿街道波导的路径损耗。其中，绕射波的计算方法与反射波计算方法类似，但是对于从墙的边缘绕射的每条射线，需要用绕射系数 D_{mn} 代替从屏（墙）反射的每个绕射路径的反射系数 Γ_n。利用对式(4.22)的任意阶矩取平均的方法，把反射波和绕射波以及来自源的直射波(LOS 路径分量)进行合成，最后得到接收点 d 处($d \gg a$)的路径损耗的近似表达式：

$$L = 32.1 - 40 \lg |\Gamma_g| - 20 \lg\left[\frac{1-(M|\Gamma_n|)^2}{1+(M|\Gamma_n|)^2}\right] + 17.8 \lg d -$$

$$20 \lg(|\Gamma_n| + |D_{mn}|) - 8.6\left\{|\ln M|\Gamma_n||\left[\frac{\pi n - \varphi_n}{a}\right]\frac{d}{\rho_n^{(0)}a}\right\}$$

(4.23)

其中，Γ_g 是道路表面的反射系数（如果地面是理想导体，则 $|\Gamma_g|=1$）；$M = \langle f_i(y) \rangle = \langle L \rangle/(\langle L \rangle + \langle l \rangle)$，$i=1,2$，是电报信号函数 $f_{1,2}(y)$ 的一阶原点矩，称为"断续"参数；$|\Gamma_n|$ 和 φ_n 是建筑物墙面的反射系数 Γ_n 的绝对值和相位，可以表示为

$$|\Gamma_n| = \frac{\sqrt{[(\mathrm{Re}K_n)^2 + (\mathrm{Im}K_n)^2 - (kZ_{\mathrm{EM}})^2]^2 + 4(\mathrm{Im}K_n)^2 Z_{\mathrm{EM}}^2}}{(\mathrm{Re}K_n + kZ_{\mathrm{EM}})^2 + (\mathrm{Im}K_n)^2}$$

(4.24)

$$\varphi_n = \frac{2\mathrm{Im}K_n kZ_{\mathrm{EM}}}{(\mathrm{Re}K_n)^2 + (\mathrm{Im}K_n)^2 - (kZ_{\mathrm{EM}})^2}$$

(4.25)

式中，$K_n = (\pi n + i|\ln M|)/a = \mathrm{Re}K_n + \mathrm{Im}K_n$，是断续的阻抗多隙缝波导内的每个简正模的波数($n=0,1,2,\cdots$)。$Z_{\mathrm{EM}}$ 是屏（墙）的表面阻抗：

$$Z_{\mathrm{EM}} \approx \frac{1}{\sqrt{\varepsilon}}, \quad \varepsilon = \varepsilon_0 - i\frac{4\pi\sigma}{\omega}$$

(4.26)

其中 ε 是墙表面的复介电常数，ε_0 是真空中的介电常数，σ 是电导率，ω 是辐射波的角频率。方程(4.23)可以用来预测直街道所在地中 LOS 条件下的路径损耗分布，也可以用来估算沿街道的各种各样建筑物分布和几何形状的 LOS 条件下沿街道的小区半径下限，即把"拐点"范围描述为小区半径：

$$R_{\mathrm{cell}} \equiv d_b = \frac{4h_Th_R}{\lambda}\frac{(1-M|\Gamma_n|)}{(1+M|\Gamma_n|)}\frac{[1+h_b/a+h_Th_R/a^2]}{[|\Gamma_n|+|D_{mn}|]^2}$$

(4.27)

利用式(4.27)预测拐点的经验位置比双射线模式更精确。拐点后面的功率衰减是指数形式，而不是像许多拐点模式中所假设的幂定律。这可以解释为什么符合实验的幂定律系数（拐点之后）通常非常大，还可以解释为什么有些实验中在市区条件下没有观察到拐点。

4. Lund 大学模式

瑞典 Lund 大学开发出一种微小区电波传播预测模型,其对于低于屋顶平面的基站天线是有效的。该模型主要考虑 LOS 和 NLOS 两种情况。在 LOS 场景中,路径损耗的计算表达式为

$$L = 10\lg k + \frac{10}{4}\lg(l_1^4 + l_2^4) \tag{4.28}$$

$$l_1 = d^{n_1}, \quad l_2 = d^{n_2} d_b^{n_1 - n_2}$$

式中,d 为收发信机之间的距离,d_b 是式(3.18)给出的拐点距离,k、n_1 和 n_2 是由测量来定值的经验参数。该模型的预估结果类似于双斜率模型,但是在微蜂窝小区中其两路径之间在拐点处的过渡较平滑。

在图 4.9 所示的街道十字路口通信场景中,NLOS 观察点处的路径损耗(例如图中的 R_x 点)计算为以下两项之和:第一项是由 LOS 等式给出的 O 点处的路径损耗,而第二项为

$$L = 10\left[u(d_1) - u(d_2)\right]\lg\left(\frac{d_2}{d_0}\right)^n \frac{\lg d - \lg d_1}{\lg d_2 - \lg d_1} + 10u(d_2)\lg\left(\frac{d}{d_0}\right)^n \tag{4.29}$$

式中,$u(x)$ 是单位阶跃函数,其他参数表示为

$$\begin{cases} d_0 = 8.92\phi + 1.7 \\ d_1 = 10.7\phi + 0.11w + 2.99 \\ d_2 = 0.31w + 4.9 \\ n = 2.75 - 1.13\exp(-23.4\phi) \end{cases} \tag{4.30}$$

式中,w 是街道宽度,ϕ 是发射点的街道轴和 T_x 与遮挡建筑物的棱(E)连线所形成的角。

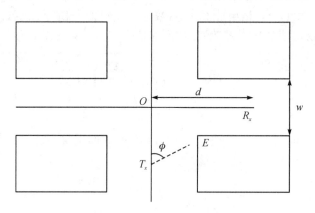

图 4.9　十字路口俯视示意图

4.2　室内预测模型

室内无线通信系统中,电波传播环境与宏站室外场景的区别较大,例如多径现象复杂,视距传播较少甚至不存在,而且可能短时间和短距离内环境变化剧烈。室内墙壁、门、家具,以及人体都会对信号衰减产生重要影响。其中电磁波的多次反射现象是室内无线传播研究的重要内容。

随着室内通信需求的增加，WLAN 与室内微蜂窝的部署越来越密集，相应的室内传播预估也更加重要。早期室内电波传播建模比较依赖于测量数据与经验模型，需要通过真实建筑布局来分析电波传播特征。随着可用的数字建筑数据增加与计算机性能提升，现在可以结合计算电磁学方法，通过构建包含建筑材料信息的数字模型来进行信号衰减计算与预估。目前与 GTD/UTD、FDTD 和 TLM 模型相结合的射线跟踪模型都可用来预测室内系统覆盖。基于对电磁场的空间分布数值计算，可以在无线网络规划中使得干扰、容量、系统性能和切换的推导得到优化。

与宏蜂窝建设的目的类似，室内网络是要确保服务区内实现充分的信号覆盖，并避免系统内部与系统之间的干扰。然而对于室内环境，电磁波的传播会受到建筑物几何结构的约束和建筑材料的影响。这种不同于开放域环境的电波传播特征，增加了干扰控制的维度，对同一楼层及不同楼层的频率复用技术提出了挑战。同时，随着毫米波通信技术在 5G 系统中的应用，需要在室内网络部署中考虑传播路径上的微小信道变化对毫米波信号的严重影响。综合考虑以上复杂因素，进行室内无线网络规划时，需要明确建筑物内部详细的结构、材料、家具布局以及网络建设目标等信息。

4.2.1　经典室内电波传播预测模型

通过长期实测发现，在室内 NLOS 传播路径受到障碍物的影响一般会经历瑞利衰落，而 LOS 传播路径则经历莱斯衰落。这一点与建筑物自身类型无关。在使用频分复用技术的建筑物内，为了避免不同楼层频分复用的互扰，需要确定楼层之间的传播路径及其数量。同时，建筑物的材料、内部空间大小及窗户类型均会对楼层间路径损耗产生影响。实验表明，楼层间的损耗并不随分隔距离的增加按分贝数线性增加。楼层之间衰减的典型值对于第一层分隔是 15 dB，然后每层分隔再附加 6～10 dB，最多到 4 层分隔。对于 5 层或更多层的分隔，每个附加层的路径损耗增加很小。

如果采用室外宏基站进行室内覆盖，建筑物内部接收信号强度会随着楼层的升高而增强。在大多数城区环境，穿透进入建筑物较低楼层的信号电平均很小；而在较高楼层，LOS 传播路径会大大增强室内覆盖。同时，电磁波穿透效果与频率直接相关，穿透损耗随频率增加而显著降低。

1. 对数距离路径损耗模型

该模型简单认为平均路径损耗是距离的 n 次幂的函数：

$$L_{50(d)} = L(d_0) + 10n \lg\left(\frac{d}{d_0}\right) \tag{4.31}$$

式中，$L_{50(d)}$ 是平均路径损耗，单位是 dB；d 是收发之间的距离，单位是 m；$L(d_0)$ 是发射点到参考距离 d_0 的路径损耗；d_0 是参考距离，单位是 m；n 是取决于环境的平均路径损耗指数。

从式（4.31）发现平均路径损耗是对数正态分布的。平均路径损耗指数 n 和标准差 σ 是取决于建筑物类型、建筑物侧面以及发射机和接收机之间楼层数的参数。在收发间隔距离 d 米处的路径损耗为

$$L(d) = L_{50(d)} + X_\sigma \quad \text{(dB)} \tag{4.32}$$

式（4.32）基于测量经验获得，X_σ 是具有标准差 σ(dB)的零均值对数正态分布随机变量，表示环境地物的影响。在 900～4000 MHz 之间，n 的值在 1.6～3.3 之间变化，σ 的值在 3.0～

14.1 dB 之间变化。该模型的简单形式使其在室内环境中得到广泛应用，并且可以尝试应用于室外微蜂窝小区。

2. 衰减因子模型

该经验模型能够预测同一楼层或通过不同楼层的传播路径损耗。对于穿过多个楼层的传播，平均路径损耗为

$$L = L(d_0) + 10n \lg\left(\frac{d}{d_0}\right) \tag{4.33}$$

其中 n 是平均路径损耗指数，它是收发之间楼层数的函数。913 MHz 时 n 和 σ 的参考值在表 4.1 中给出。

表 4.1　913 MHz 时测量得到的 n 值和标准差 σ

	n	σ/dB
所有位置	3.14	16.3
同一楼层	2.76	12.9
通过一层	4.19	5.1
通过两层	5.04	6.5
通过三层	5.22	6.7
食品杂货店仓库	1.81	5.2

在衰减因子基本模型的基础上，可以得到改进的单斜率模型：

$$L = L(d_0) + 10n_1 \lg\left(\frac{d}{d_0}\right) + \text{FAF} \tag{4.34}$$

式中，n_1 是位于同一楼层上的路径损耗指数，它取决于建筑物类型，其典型值是 2.8；FAF 是楼层衰减因子，单位为 dB，它是楼层数和建筑物类型的函数。表 4.2 给出了楼层衰减因子 FAF 和测量值与预测值之间差值的标准差 σ。

表 4.2　楼层衰减因子 FAF 和标准差 σ

	FAF	σ/dB	位置数
办 公 楼 1			
通过一层	12.9	7.0	52
通过二层	18.7	2.8	9
通过三层	24.4	1.7	9
通过四层	27.0	1.5	9
办 公 楼 2			
通过一层	16.2	2.9	21
通过二层	27.5	5.4	21
通过三层	31.6	7.2	21

3. 软隔墙和混凝土墙衰减因子模式

对于同一楼层中发射机和接收机之间有软隔墙(墙板)和混凝土墙的情况,路径损耗表示为

$$L_{50}(R) + L_{bf} + p \times AF(软隔墙) + q \times AF(混凝土墙) \tag{4.35}$$

式中,p 是收发之间的软隔墙数,q 是收发之间的混凝土墙数。根据经验,AF(软隔墙)值为 1.39 dB,AF(混凝土墙)的值为 2.38 dB。

4. Keenau-Motley 模式

对于通过各个单独墙壁与楼层的情况,有一种更为精细的模型:

$$L = L_0 + 10n \lg d + \sum_{i=1}^{I} k_{fi} L_{fi} + \sum_{j=1}^{J} k_{wj} L_{wj} \tag{4.36}$$

式中,L_0 是参考距离处(1 m)的衰耗,n 是路径损耗指数,d 是收发之间的距离,L_{fi} 是通过类型 i 的楼层的衰耗,k_{fi} 是在收发之间类型 i 的楼层数,L_{wj} 是通过类型 j 的墙壁的衰耗,k_{wj} 是在收发之间类型 j 的墙壁数。在这个模式中,L_0 和 n 趋向于自由空间条件的值($L_0 = 37$,$n=2$)。通过楼层衰减的典型值在 12～32 dB 之间。通过墙壁衰减的值完全取决于所用隔墙的类型。对于典型的软隔墙,衰减值在近似为 1～5 dB 之间变化,硬隔墙的衰减可能在 5～20 dB 之间变化。

5. 多层墙模式

为了更好地匹配测量结果,可以采用包含对于穿透楼层的非线性函数来修正模型:

$$L = L_{FS} + L_C + L_f k_f^{E_f} + \sum_{j=1}^{J} k_{wj} L_{wj} \tag{4.37}$$

式中,L_{FS} 代表收发之间的自由空间损耗,L_C 是一常数,L_{wj} 是收发之间类型 j 的墙壁数,k_f 是收发之间的楼层数,L_f 代表通过毗连楼层的衰减,第 3 项中的指数 E_f 为

$$E_f = \frac{k_f + 2}{k_f + 1} - b \tag{4.38}$$

式中,b 是经由实验确定的常数。典型的参数值是 $L_f = 18.3$ dB,$J=2$,$L_{w1} = 3.4$ dB,$L_{w2} = 6.9$ dB 和 $b=0.46$。L_{w1} 是通过窄墙(窄于 10 cm)的损耗,L_{w2} 是通过宽墙(宽于 10 cm)的损耗。

4.2.2　Lee 室内预测模型

室内环境电波传播环境的研究和预估对于移动蜂窝网与室内无线局域网的建设都具有重要的意义。本节重点介绍 Lee 室内预测模型,该模型主要针对单楼层建筑物,同时也适用于多楼层之间的电波传播。与其他传统室内模型类似,该模型也需要重点考虑多层建筑物之间的传播损耗。Lee 室内预测模型的建立基础是在 900 MHz 多次的实测分析,能够处理不同类型障碍物的传输损耗,其有效性经过工程实践的验证,测量结果与预估值之间的标准偏差一般小于 5dB。

1. 室内模型近中心距离的推导

对于微蜂窝系统采用近场距离来判断信号传播特征,而室内环境更为复杂,因此需要引入近中心距离来代替近场距离作为路径损耗建模的基础。近中心距离是指在室内环境

中，距离微基站较近的一段距离，在该近中心距离范围内信号较强，电波的传播可以视为只存在自由空间路径损耗。近中心距离范围以内的空间称为近中心环境。典型的近中心环境由地板、天花板与两侧墙壁构成。由于微基站天线通常位于室内较高位置，经由地板的反射波是接收场强的主要分量，而来自天花板与墙壁的反射波相对较弱，因此在近中心环境中只考虑直射波与地板反射波。

与近场距离类似，近中心距离也可以由双线反射模型得到。在室内双线反射模型中，接收信号功率表示为

$$P_r = P_0 \left(\frac{1}{4\pi d / \lambda} \right)^2 \left| 1 + a_v e^{-j\Delta\varphi} \right|^2 \tag{4.39}$$

其中，反射系数 a_v 为

$$a_v = \frac{\varepsilon_c \sin\theta_1 - (\varepsilon_c - \cos^2\theta_1)^{1/2}}{\varepsilon_c \sin\theta_1 + (\varepsilon_c - \cos^2\theta_1)^{1/2}} \tag{4.40}$$

$\Delta\varphi$ 为直射波和反射波在接收点处的相位差，θ_1 为入射角，等效介电常数 ε_c 为

$$\varepsilon_c = \varepsilon_r - j60\sigma\lambda \tag{4.41}$$

其中，相对介电常数 ε_r 为等效介电常数 ε_c 的主要成分；σ 为电解质电导率，单位为西门子/米（S/m）。常用类型介质的相对介电常数和电导率典型值如表 4.3 所示。因为相对介电常数 ε_r 是等效介电常数 ε_c 的主要影响因素，所以给出常见建筑材料的相对介电常数，如表 4.4 所示。需要注意的是，建筑材料的相对介电常数和电导率在微波频段与电磁波波长有关，所以进行系统化精细仿真时，还需要考虑不同频段的材料介电介质特性。

表 4.3　不同介质表面的 ε_c 和 σ 典型值

介　质	介电常数 ε_r	电导率 $\sigma/(S/m)$
铜	1	5.8×10^7
海水	80	4
乡村地表	14	10^{-2}
郊区地表	3	10^{-4}
淡水	80	10^{-3}
矮干草地	3	5×10^{-2}
矮湿草地	6	1×10^{-1}
外露干沙土	2	3×10^{-2}
浸满水的外露沙土	24	1×10^{-1}

表 4.4　常见建筑材料的 ε_r 数据

石　墙		水泥墙	玻璃墙
建筑物内 $\varepsilon_r = 4.5$	建筑物外 $\varepsilon_r = 7.9$	建筑物内 $\varepsilon_r = 5.4$	建筑物内 $\varepsilon_r = 2.3$

为了推导近中心距离，令 $a_v = 0$，由式可以得到

$$\varepsilon_c \sin\theta_1 = (\varepsilon_c - \cos^2\theta_1)^{1/2} \tag{4.42}$$

对上式进行求解，可以得到

$$\begin{cases} \sin\theta_1 = \dfrac{1}{\sqrt{\varepsilon_c + 1}} \\[2mm] \tan\theta_1 = \dfrac{1}{\sqrt{\varepsilon_c}} \end{cases} \tag{4.43}$$

通过实测发现，对于 500 MHz 以上的频段，等效介电常数 ε_c 一般由相对介电常数 ε_r 决定，因此可以把式(4.43)改写为

$$\begin{cases} \sin\theta_1 = \dfrac{1}{\sqrt{\varepsilon_r + 1}} \\[2mm] \tan\theta_1 = \dfrac{1}{\sqrt{\varepsilon_r}} \end{cases} \tag{4.44}$$

对于如图 4.10 所示的通信场景，d_1 为基站到反射点的距离，d_2 为反射点到移动终端的距离，h_1 和 h_2 分别为基站天线高度和移动端天线高度。根据斯涅尔定律，h_1、h_2、d_1 和 d_2 之间的关系可表示为

$$\tan\theta_1 = \frac{h_1}{d_1} = \frac{h_2}{d_2} \tag{4.45}$$

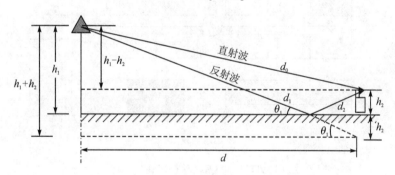

图 4.10　近中心环境的双线反射模型

因此可以得到近中心距离 D_c 为

$$D_c = d_1 + d_2 \tag{4.46}$$

对以上公式进行联合求解，可以得到中心距离 D_c 计算式为

$$D_c = (h_1 + h_2)\sqrt{\varepsilon_r} \tag{4.47}$$

可见，建筑物的 ε_r 值越高，近中心距离越大，而且，近中心距离与频率无关。

2. 室内单楼层模型

如图 4.11 所示为一类室内单楼层通信环境。通过设定建筑边界、房屋内部信息以及特殊房间(如电梯、储物间等)，可以进行信号覆盖预估分析。在该场景下，路径损耗可以分为三种类型。第一种为标准 LOS 路径损耗，其由建筑物布局可以确定。LOS 信号不受遮挡，并且终端处于近中心区域。第二种与第三种损耗均考虑信号穿透房间的衰减，而区别在于终端位于近中心区内或近中心区外。在计算分析过程中，需要分别计算规则房间与特殊房

间的损耗。特殊房间一般指与建筑或同楼层的大多数房间的建筑材料不同的房间，通常包含电梯和储物间。

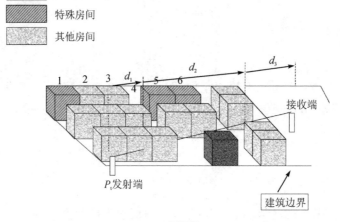

(a) 侧视图

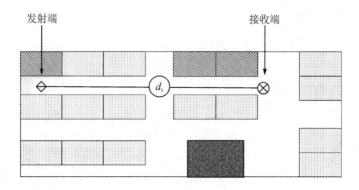

(b) 俯视图

图 4.11　一类室内单楼层通信环境

1) LOS 场景

LOS 场景下，接收机位于发射机的可视距离范围内，传播路径不受任何建筑物遮挡，如图 4.11(b)所示。该场景下，引起路径损耗的距离为 d_1，所以路径损耗 L_{LOS} 为

$$L_{LOS} = 20 \lg \frac{4\pi d_1}{\lambda}, \ d_1 < D_c \tag{4.48}$$

其中，d_1 为近中心距离 D_c 内的距离。接收功率 P_r 表示为

$$P_r = P_t + G_t - L_{LOS} + G_r \tag{4.49}$$

2) NLOS 场景

当终端处于直射信号被遮挡的区域时，路径损耗分为两种情况：第一种情况为路径损耗产生于近中心区域，第二种情况为路径损耗产生于近中心区域之外。下面分别进行阐述。

当终端位于近中心区域时，如图 4.12 所示，由一面墙遮挡了信号的视距传播，同时终端接收机处于电磁波传播的近场区域，因此路径损耗表示为

$$L_{\text{LOS}} = 20 \lg \frac{4\pi d_1}{\lambda} + F_{\text{LOS}}, \, d_1 < D_c \tag{4.50}$$

其中 F_{LOS} 为由于在天线与近场距离 D_c 之间缺少近中心空隙而产生的损耗,可以通过经验数据拟合得到

$$F_{\text{LOS}} = 12.5 \lg \left(\frac{B + D_c}{D_c} \right) \tag{4.51}$$

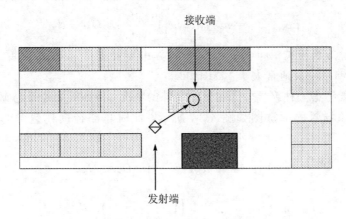

图 4.12　NLOS 场景终端位于近中心区域俯视图

其中 B 为阻挡物(墙壁)的厚度。工程测试经验表明,当终端处于近中心区域时,信号受墙壁的穿透损耗影响很大。

当终端处于近中心区域之外时,由于信号受到单个或者多个墙壁的遮挡,会产生更多的路径损耗分量。该额外的路径损耗与建筑物的墙壁厚度和材料密切相关。因为对于常见建筑物,其墙壁材料往往大致相同,所以可以采用线性回归方法推导得到信号损耗特征。

如图 4.13 所示,d_1 为发射机到第一个房间连接处(墙壁)的距离,d_2 为第一个房间连接处到接收端的距离。可见该场景下路径损耗包含沿 d_1 的 LOS 损耗 L_{LOS} 与额外的路径损耗 L_{room},其中 L_{LOS} 的计算式与式(3.50)相同,而 L_{room} 为

$$L_{\text{room}} = m_{\text{room}} \lg \left(1 + \frac{d_1}{d_2} \right), \, D_c < d_2 \tag{4.52}$$

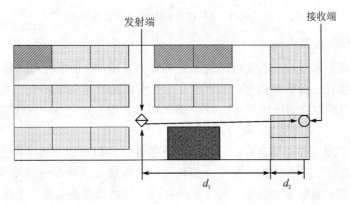

图 4.13　NLOS 场景终端位于近中心区域之外俯视图

式中 m_{room} 为考虑信号穿透房间的额外路径损耗斜率，与墙壁材料相关。一般建筑物中，m_{room} 通常约为 27 dB/dec。

　　除了典型的 LOS 与 NLOS 场景，室内通信系统还存在一种特殊情况，即终端位于特殊房间(如储物间或电梯)当中。这一类特殊房间的结构和材料与建筑物本体可能差别较大，但也属于通信网络需要全面覆盖的范围。如图 4.13 所示，如果终端位于特殊房间中，则需要用 L_{LOS} 和 $L_{special\ room}$ 两个分量来组成总的路径损耗。$L_{special\ room}$ 的计算表达式为

$$L_{special\ room} = m_{special\ room} \lg\left(1 + \frac{d_2}{d_1}\right), \ D_c < d_2 \tag{4.53}$$

其中，L_{LOS} 的计算方法与式相同，$L_{special\ room}$ 的计算中需要注意 d_2 的准确度，而特殊房间的路径损耗斜率值 $m_{special\ room}$ 通常大于 40 dB/dec。

　　最后，还需要考虑一种终端位于建筑物之外的情况，例如终端位于走廊或者宏站-微站覆盖过渡区域。该场景的示意图如图 4.14 所示，此时总路径损耗包含 3 个分量：L_{LOS}、L_{room} 及 $L_{outside}$。

$$L_{room} = 40 \lg\left(1 + \frac{d_2}{d_1}\right), \ D_c < d_2 \tag{4.54}$$

$$L_{outside} = L_{external\ wall} 20 \lg\left(1 + \frac{d_3}{d_1 + d_2}\right), \ d_2 < d_3 \tag{4.55}$$

L_{room} 的计算方法与式(4.52)类似，但需要注意此时终端位于近中心区域之外。$L_{outside}$ 是新的附加路径损耗，与穿墙损耗 $L_{external\ wall}$ 有关($L_{external\ wall}$ 通常为 15~20 dB)。

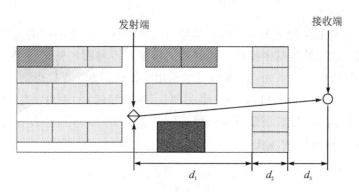

图 4.14　NLOS 场景终端位于建筑物之外俯视图

3. Lee 室内预测模型小结

　　在室内无线通信系统中，路径损耗的主要来源有三项：收发信机之间的自由空间损耗、内外墙壁的反射损耗以及房间的穿透损耗。Lee 室内模型对这三项损耗分量分别进行了建模分析，有助于理解建筑物环境对于电波传播特征的影响，并为室内网络系统设计提供了简便的方法。

　　在该模型的实际工程应用过程中，首先基于建筑材料的类别，通过查表方式获知建筑物的介电特性，进而计算出建筑物的路径损耗值，然后就可以依据该模型的预估结果，设置和优化室内微基站的位置与天线工程参数，从而获得最优覆盖与最小干扰。

4.2.3　ITU 室内预测模型

1. COST 231 多墙模型

针对室内分布系统，ITU 给出了 COST 231 多墙模型。作为一个经验模型，该模型中路径损耗 L_T 与穿透的墙壁数目成正比。L_T 的计算表达式为

$$L_T = L_F + L_C + \sum_{i=1}^{W} L_{wi} n_{wi} + L_f n_f^{(n_f+2)/(n_f+2)-b} \tag{4.56}$$

其中，L_F 收发信机之间的视距损耗（即自由空间传播路径损耗），L_C 与 b 为根据不同环境进行调整的经验参数，n_{wi} 为类型 i 直接路径穿过的墙壁数目，W 为墙壁类型的数目，L_{wi} 为类型 i 墙壁的穿透损耗，n_f 为路径穿过的楼层数目，L_f 为每一楼层的损耗。针对典型室内环境，ITU 给出了以上经验参数的默认值，如表 4.5 所示。

表 4.5　COST 231 多墙模型中默认参数值

L_w			L_f		b
19.8 dB （900 MHz）	3.4 dB （1800 MHz）薄墙	6.9 dB （1800 MHz）厚墙	14.8 dB （900 MHz）	18.3 dB （1800 MHz）	0.46

作为一种经典的经验模型，COST 231 模型考虑了传播路径中所有墙壁的结构与材料，因而特别适合如居民楼等多墙建筑物。

2. ITU-R 1238 模型

ITU-R 1238 模型假定基站与终端位于同一个建筑内，采用站点通用模型进行路径损耗预估。该模型充分考虑了多楼层损耗 L_{total}，其计算式为

$$L_{total} = 20 \lg 10 f + N \lg 10 d + L_f(n) - 28 \text{ dB} \tag{4.57}$$

其中，N 为距离功率损耗系数，d 为收发信机之间的距离，L_f 为楼层穿透损耗因子，n 为收发信机之间的楼层数目。该模型用到的参数如表 4.6 和表 4.7 所示，其中 60 GHz 频段无线通信系统尚在预研阶段。

基于 ITU-R 1238 模型，开放区域的路径损耗指标为 20 dB/dec。但是，实测发现室内环境中由于走廊产生的隧道效应，会使得路径损耗指数低至 18 dB/dec；而对于拐角处，路径损耗指数又会增至 30～40 dB/dec。

表 4.6　室内损耗计算的距离功率损耗系数 N

频率	环境		
	居住区	办公区	商业区
900 MHz	—	3.3	2.0
1.2～1.3 GHz	—	3.2	2.2
1.8～2.0 GHz	2.8	3.0	2.2
4.0 GHz	—	2.8	2.2
60 GHz*	—	2.2	1.7

表 4.7　室内损耗计算的楼层穿透损耗因子 L_f（n 为穿过的楼层数目）

频率	环境		
	居住区	办公区	商业区
900 MHz	——	9（1 层） 19（2 层） 24（3 层）	——
1.8～2.0 MHz	$4n$	$15+4(n-1)$	$6+3(n-1)$

4.2.4　毫米波室内传播建模

毫米波通信技术在 5G 及未来移动通信系统中具有重要的应用价值。尤其在室内环境中，毫米波相对于 Sub 6G 频段，能够有效地提升系统容量，为室内微蜂窝系统的部署与建设建立物理层基础。

对于移动通信系统，毫米波频段具有丰富的频谱资源。在同等的相对带宽条件下，毫米波频段的绝对带宽远大于传统通信频段。目前多个国家和地区的运营商均在积极推动毫米波资源的利用。另外，毫米波频段射频前端具有高集成度的优点。在毫米波频段，可以实现大规模天线小型化设计，并与有源器件（如功率放大器等）进行集成，能够有效减小基站尺寸，有利于无线网络部署。更进一步，毫米波频段的应用使得 Massive MIMO 的商用成为可能。

同时，也应注意到毫米波频段无线通信面临的一些问题。首先，毫米波在大气中传输损耗较大。以自由空间传播环境为例，不同频率在 100 m 处的路径损耗如表 4.8 所示，可以看到从 3.5 GHz 到 100 GHz，路径损耗增加了 29.12 dB。而且，干燥空气（氧气、氮等）和水蒸气会给毫米波带来更大的衰减，如图 4.15 所示。在 60 GHz 频点处，干燥空气带来的衰减是 15.03 dB/km。其次，毫米波的穿透能力较差，在穿透墙壁、玻璃等环境中物体时会产生较大的衰减。如表 4.9 所示，在室外环境下，毫米波穿透 3.8 cm 厚的染色玻璃时的能量损耗是 40.1 dB，而在室内环境下，毫米波穿透透明玻璃时的衰减是 3.6 dB。除了这些物体会给毫米波传播带来大的能量损耗外，人体也会对毫米波传播产生明显的遮挡效应。此类衰减现象对毫米波的应用带来极大的挑战，但是在室内环境中，由于传播距离较短，因此衰减对于无线通信的影响较小。另外，毫米波器件的生产成本极高，尤其是功率放大器等有源器件的加工和制作难度非常大，制约了相关产品的商用。同时毫米波器件带来的更大插损，会导致信号发射功率明显降低。

表 4.8　不同频点下 100 m 处的自由空间路径损耗

频率/GHz	3.5	6	28	60	100
路耗/GHz	83.28	87.96	101.34	107.96	112.4

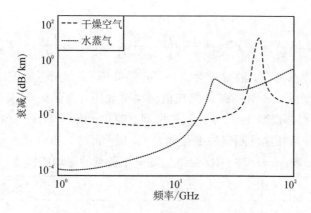

图 4.15　干燥空气与水蒸气对电磁波的衰减效应

表 4.9　28 GHz 电磁波在室内、室外环境下，穿透不同物体的损耗

环　境	材　料	厚度/cm	穿透损耗/dB
室外	染色玻璃	3.8	40.1
	砖	185.4	28.3
室内	染色玻璃	<1.3	24.5
	透明玻璃	<1.3	3.6
	墙	38.1	6.8

考虑到室内通信将成为未来增强型移动通信典型场景之一，而毫米波技术是 5G 通信系统的关键技术基础，毫米波室内传播建模对于无线资源管理的研究与管理具有重要价值。下面以会议室场景为例，介绍毫米波信道建模方法。

1. 路径损耗和阴影衰落

通常情况下，路径损耗可以表示为

$$\mathrm{PL}(d)[\mathrm{dB}] = P_\mathrm{T} + G_\mathrm{T} + G_\mathrm{R} + 20 \times \lg\left(\frac{\lambda}{4\pi d}\right) - P_\mathrm{R} \tag{4.58}$$

其中，G_T 和 G_R 分别是 TX（发射机）和 RX（接收机）的天线增益，λ 是波长，d 是收发之间的空间距离，P_T 和 P_R 分别是发送功率和接收功率。在实际的测量中，不仅要考虑天线增益，还要考虑系统增益，包括放大器增益、低噪放增益和电缆损耗。因此，路径损耗可以改写为

$$\mathrm{PL}(d)[\mathrm{dB}] = P_\mathrm{T} + G_\mathrm{T} + G_\mathrm{R} + G_\mathrm{S} + 20 \times \lg\left(\frac{\lambda}{4\pi d}\right) - P_\mathrm{R} \tag{4.59}$$

其中 G_S 是系统增益。在每个测量位置都有 N 个路径损耗样本，根据这些样本可以对会议室的路径损耗进行建模。常用的路径损耗模型包括浮动截距（Floating Intercept，FI）路径损耗模型和迫近（Close In，CI）路径损耗模型，其中 FI 路径损耗模型的表达式为

$$\mathrm{PL}_\mathrm{FI}(d)[\mathrm{dB}] = \beta + 10\alpha \lg d + X_\sigma^\mathrm{FI} \tag{4.60}$$

其中，β 和 α 是两个拟合参数，X_σ 表示阴影衰落的零均值高斯变量。CI 路径损耗模型的表

达式为

$$\mathrm{PL}_{\mathrm{CI}}(f,\ d)\ [\mathrm{dB}] = 20\ \lg\left(\frac{4\pi d_0 f}{c}\right) + 10 n_{\mathrm{CI}}\ \lg\left(\frac{d}{d_0}\right) + X_\sigma^{\mathrm{CI}} \tag{4.61}$$

其中，d_0 是接收功率参考点，通常设为 1 m；f 是频率；c 是光速；n_{CI} 是路损距离依赖因子。CI 路径损耗模型以 1 m 处的路径损耗值为模型截距，因此比 FI 路径损耗模型少一个参数，使得 CI 路径损耗模型比 FI 路径损耗模型更简单。以 28 GHz 为例，由式(4.58)得到的会议室场景下路径损耗随着距离的变化如表 4.10 所示。

表 4.10　28 GHz 会议室场景下各点的平均路损值

位置序号	路损/dB	距离/m
1	69.54	3
2	70.78	3.04
3	75.11	5.41
4	74.83	7.8
5	77.62	9
6	75.17	8.65
7	73.6	8.34
8	72.2	6.16
9	69.31	4.23
10	70.94	3.06
11	72.26	5.43
12	73.98	5.72
13	74.82	6.51
14	74.78	7.66
15	75.35	9.02
16	79	10.51

2. 莱斯因子

莱斯因子定义为确定性多径和其他随机多径的功率比，可以用来度量信道衰落的严重程度。当莱斯因子为零时，莱斯信道退化成为瑞利信道。通常采用矩量法结合时变信道的采样进行莱斯因子估计。在室内 LOS 环境下，莱斯因子平均值为 7。原因是在相对狭窄的室内环境，墙壁与天花板会增强反射效应，同时，如果该环境中的遮挡物较少，会使接收机收到较强的反射径，从而导致莱斯因子较小。对室内毫米波无线系统而言，较小的莱斯因子说明信道中的多径功率分布较为均匀，所以需要扫描更大的范围来获得最佳传输路径。

3. 时延特性

电波在空间中传播经过不同的路径先后到达接收端，从而使得多径具有不同的时延以及功率。时延扩展描述了多径信号在时延域的色散，对于系统设计具有重要的作用。例如，时延扩展可以用来计算相干带宽，也可以用来设计 OFDM 系统中的保护间隔和循环前缀，从而消除码间干扰和子载波间干扰。

4. 角度特性

电磁波传播过程中同时具有时间和空间特性。信道多径不仅在时域存在色散现象，而且在角度域(空间)也会出现色散现象。角度域的色散可以增加信道自由度，从而提升信道容量。室内环境下，在每个测量点可以获得 72×3 组 CIR 样本，并且采用 SAGE 算法能够估计出多径信号的角度色散信息。

5. 簇特性

室内环境中，散射体较多，毫米波在散射传播过程中会生成属性较为相似的多径信号。可以通过分簇方法对这些相似属性的多径信号加以归类和分组，从而达到降低信道建模复杂度和深入分析信道传播机理的效果。常用的分簇算法是自动聚类 K-Power-Means 算法，该算法利用多径功率加权的多径分量距离(Multiple Component Distance，MCD)来判定多径之间的相似度：

$$\mathrm{MCD}_{X \cdot ij} = \frac{X_i - X_j}{\Delta X_{\max}} \cdot \frac{X_{\mathrm{std}}}{\Delta X_{\max}} \tag{4.62}$$

其中 X 是多径的一个参数，可以表示 τ、ϕ 或 θ。例如，$\mathrm{MCD}_{X, ij}$ 表示第 i 条多径和第 j 条多径在时延域中的距离，$\Delta \tau_{\max} = \max_{ij} |\tau_i - \tau_j|$，$\tau_{\mathrm{std}}$ 是时延的标准偏差。第 i 条多径和第 j 条多径之间的总距离可以表示为所有维度上 $\mathrm{MCD}_{X, ij}$ 的总和：

$$\mathrm{MCD}_{X, ij} = \sqrt{\left| \mathrm{MCD}_{\tau, ij} \right|^2 + \left| \mathrm{MCD}_{\phi, ij} \right|^2 + \left| \mathrm{MCD}_{\theta, ij} \right|^2} \tag{4.63}$$

在使用 K-Power-Means 算法提取分簇结果后，可以计算簇内 RMS DS(均方根时延扩展)：

$$\mu_{\tau, k} = \sqrt{\left(\sum_{l=1}^{L_k} \tau_l P(\tau_l) \right) \Big/ \left(\sum_{l=1}^{L_k} P(\tau_l) \right)} \tag{4.64}$$

$$\sigma_{\tau, k} = \sqrt{\left(\sum_{l=1}^{L_k} (\tau_l - \mu_{\tau, k}) P(\tau_l) \right) \Big/ \left(\sum_{l=1}^{L_k} P(\tau_l) \right)} \tag{4.65}$$

其中，$\mu_{\tau, k}$ 是第 k 个簇的平均时延，τ_l 和 $P(\tau_l)$ 分别是第 l 条路径的时延和功率，L_k 是第 k 个簇中的多径数量。

4.3　电波传播模式选择原则

传统的无线网络电波传播预测模型主要针对单一场景下无线信道中电磁波分布特征进行预估，但是在当前以及未来移动通信系统中，需要考虑宏蜂窝与微蜂窝以及特殊传播环境的网络结构。尤其是微蜂窝中的低基站、建筑物高度、街道宽度及其他地形特征均会对无线传播产生重要影响。异构网络对无线网络规划与设计提出了挑战，需要综合考虑无线信道特征和网络建设需求，采用合理的传播预测方案进行建模分析。

欧洲电信标准协会规范(ETSI)建议对宏站和微站两种场景采用 COST-231-Hata 模型，对于微蜂窝规划使用 Walfisch-Ikegami 模型。这些模型的主要缺陷在于其所使用的参数主要来自经验数据的统计分析，而测量数据来自特定的地理区域。所以此类传统模型在预测不同通信场景的路径衰落时会产生不同的均方误差。预测模型的可靠性取决于对各类场景下接收信号功率的预测精度，这一点与对应区域的地理环境建模准确程度密切相关。理论上来说，最优的电波传播预测模型应当能够把各类环境的路径损耗都作为自由空间电磁波传播的扩散，然后引入建筑物与地形特征来修正信号的衰落。在这样的理想模型中，所有的基本系统参数，如工作频率、基站工程参数及终端参数都应该被考虑到，并且需要利用地形标高、平均建筑物高度与街道宽度来描述无线覆盖区域。这种模型的作用在于能够补充解析方法的不足，并且帮助工程人员在网络中找到最佳基站部署位置。

为了满足异构网络的需求，无线传播模型需要采用合适的数学方法来计算受环境影响的场强，并且充分利用基于本地实测数据的修正因子。而计算所需的地形信息应当来自准确的地理信息系统（GIS）数据库。理想的无线传播模型中，接收功率 P_r 可表示为

$$P_r = P_t + G_t + G_r - L_T \tag{4.66}$$

式中，P_t 为发射天线的 ERP 有效辐射功率，G_t 与 G_r 分别为发射与接收天线增益。被减去的损耗 L_T 包括：中间损耗功率 L_M、路径损耗 L_P，绕射损耗 L_D 和反射损耗 L_R。

1. 中间损耗功率 L_M

L_M 由下面的公式得到：

$$L_M = L_{en} + \frac{sd}{\sqrt{2}}\left[erf^{-1}\left(1 - 2\frac{percent\_log}{100}\right) + 10\lg\left[\frac{\ln\frac{percent\_Rayleigh}{100}}{\ln 0.5}\right]\right] \tag{4.67}$$

式中，L_{en} 代表环境损耗（或者陆地覆盖物修正因子），sd 是对数正态标准差（典型值在 6～10 dB 之间），percent_log 和 percent_Rayleigh 两项相当于统计的期望无线覆盖。

考虑到 L_M 没有涉及环境类型（农村、市区、郊区、开阔地），所以 L_{en} 是使整个均方误差（即在所限区域上的测量值和预测的场强值之间差值的均方根）最小所得到的一个值。

2. 路径损耗 L_P

L_P 是距离 d 的线性函数，可表示为

$$L_P = C - 10\gamma\lg d \tag{4.68}$$

式中，d 是基站和移动台之间的距离，γ 是路径损耗指数，C 是参考距离处的路径损耗。对于宏蜂窝系统，参考距离一般取为 1 m 或 1 km。对于视距情况，收发机之间的通信距离为

$$d_f = \frac{1}{\lambda}\sqrt{(\Sigma^2 - \Delta^2) - 2(\Sigma^2 + \Delta^2)\left(\frac{\lambda}{2}\right)^2 + \left(\frac{\lambda}{2}\right)^4} \tag{4.69}$$

式中，$\Sigma = h_t + h_r$，$\Delta = h_t - h_r$。

非视距场景中，需引入损耗 L_{open}：

$$L_{open} = -[4.78\,(\lg f)^2 - 18.33\lg f + 40.94] \tag{4.70}$$

3. 绕射损耗 L_D

对于市区和郊区环境，一般采用 UTD 进行绕射损耗计算，如图 4.16 所示。由局部建筑物屏蔽引起的绕射损耗为

$$L_D = -20\lg|D_{s,h}^I| + 10\lg D_2(m) + 10\lg\left[\frac{D_1(D_1 + D_2)}{D^2}\right] \tag{4.71}$$

式中，$D_{s,h}^I$ 是从基站天线发出的球面场的 UTD 绕射系数。D_1、D_2 如图 4.16 所示，$D = \sqrt{(d_t + d_r)^2 + (h_t - h_r)^2}$（其推导过程参见 UTD 理论相关文献资料）。$s$ 与 h 分别标记为软

边界和硬边界。

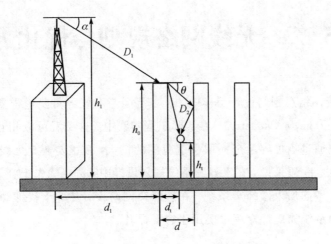

图 4.16　微蜂窝环境电波传播示意图

4. 反射损耗 L_R

反射损耗 L_R 为

$$L_R = -20 \lg \left| 1 + R_{H,V} \sqrt{\frac{D_2(D_1 + D_2)}{r_2(D_1 + r_2)}} \left| \frac{D_{s,h}^{\mathrm{II}}}{D_{s,h}^{\mathrm{I}}} \mathrm{e}^{-\mathrm{j}k(r_2 - D_2)} \right| \right. \tag{4.72}$$

式中，$D_{s,h}^{\mathrm{II}}$ 是从基站天线发出的球面场的 UTD 绕射系数，k 是波数，$R_{H,V}$ 是反射系数。

本 章 小 结

　　本章重点阐述微蜂窝场景与室内环境下电波传播预测模型。首先，介绍了微蜂窝预测模型的基本原理与典型微站场景路径损耗建模方法。然后，对经典室内电波传播模型进行了列举和比较，详细介绍了在无线网络工程中常用的 Lee 室内预测模型与 ITU-R 预测模型，并介绍了毫米波室内无线传播模型的基本方法。最后，针对复杂异构网络规划与设计的需求，介绍了电波传播模型选择的基本原则。

第5章　无线网络规划与优化方法

无线通信系统网络规划与设计工作中，覆盖范围与系统容量是最重要的两个因素，通常称之为 2C(Coverage 与 Capacity)。在实际工程实践中，这二者可以相互补偿，也可以相互折中，例如可以通过牺牲容量来换取覆盖范围的扩大，反之亦然。无线网络建设的成本与此二者密切相关。一般来说，在宏蜂窝系统规划设计中，覆盖优先于容量；如果要兼顾覆盖与容量，则应当考虑加入微蜂窝系统。在微蜂窝网络设计中，干扰抑制与消除是一项重要任务。目前室内系统如皮蜂窝等主要用于容量提升。

5.1　网络规划概述

在无线网络建设与部署的过程中，网络规划是指为了达到预定目标而事先提出的一套系统的有根据的设想和做法，它是一种总体设想和粗略设计；而网络设计是指在规划的基础上，为满足实际工程目标而采取的具体方案；网络优化则是指在系统或工程已实际建成的情况下，根据实际需求调整部分系统参数或修正小部分设计方案，来提高系统性能。尽管这三者之间的分工不同，但其具体的界限却不能严格区分。

移动通信系统建设是高投入、技术复杂并且结构庞大的系统工程。通信系统的正常工作，不仅需要物理层设计与网络层协议，也必须有从宏观与整体充分利用物理层与网络层的移动网络平台，构成完整的移动网络系统。网络规划一般是指在初始阶段对移动通信中网络工程的粗略估计与布局的考虑；网络设计则主要负责在初步规划的基础上对正式运营的不同制式移动通信蜂窝网进行工程设计。

5.1.1　预测模型的选择

无线网络规划的前提是明确该区域网络建设的系统需求，包括预算、服务区域范围、系统需求的相等性、载波及信道数、频率复用方案、竞争因子、软硬件设备特性和地方政府的政策与规划等。

在此基础上，首先应当选择正确的预测模型。目前可用于工程的预测模型根据收发信机的位置信息特征可以分为三类：区域-区域模型、点-区域模型和点-点模型。区域-区域预测模型用于基站位置和终端位置不确定的情况，所以可以在服务区建设通用系统时采用该模型；点-区域预测模型适用于已知基站位置而移动端位置不确定的情况；点-点预测模型适用于基站和移动端位置都确定的情况。下面针对宏蜂窝系统、微蜂窝系统、室内系统中预测模型的选择进行介绍。

1. 宏蜂窝系统

宏蜂窝系统的设计中，一般选择形式简单并且精度相对较高的预测模型，同时要检查模型的有效性，如输入输出文件的格式与标准等，确保该模型能够满足网格规划的要求。确定预测模型后，首先需要采用预测模型找到服务区的路径损耗斜率与截断点，预估传播路径的增益与损耗。然后根据基础数据计算噪声系数（包括热噪声、设备噪声、人造噪声和干扰等），通过链路冗余计算信噪比，以该区域的信干噪比为基本参数，以基站为中心划定小区边界，从而明确服务器系统覆盖范围。基站选址应优先考虑运营商已有站点。在新建或升级基站时，由于小区划分的变化，原有系统中因切换引起的干扰效应也将发生改变，因此切换区域应当尽量小，便于降低对于系统容量的影响。

2. 微蜂窝系统

在微蜂窝系统中，市区的建筑物结构、街区的特殊地形地貌是影响预测模型的关键因素。简易的预测模型中，可以尝试采用方块结构来模拟普通楼体，并重点分析沿街建筑物布局。所选择的预测模型要能够准确预估建筑物产生的绕射损耗。一般采用小尺度地形轮廓地图来计算有效天线增益和阴影损耗。

3. 室内蜂窝（皮蜂窝）

目前较为常用的室内预测模型是 Lee 室内预测模型，该模型的输入信息包括建筑物内外结构与布局，以及建筑物材质特性。由于墙壁材料的种类，对于信号衰落影响很大，因此须充分掌握同一楼层、不同楼层、建筑物内部与外部的墙壁材料信息。如果条件允许，可以进行初步测量并采用测量的路径损耗斜率来提升模型精度，也可以采用 Lee 室内预测模型的默认值。如果对模型预测精度要求较高，或者建筑物结构非常特殊或复杂，则可以考虑采用射线追踪方法和时域有限差分方法（FDTD）进行预测建模。但是这两种方法的预测模型输入数据非常复杂，而且需要建筑物的三维几何模型作为基础。尽管这两种模型可以较好地解释电磁波传播中的一些物理现象，但是成本过高，目前难以得到广泛商用。

5.1.2　规划目标

无线网络规划的目标包括网络覆盖、网络容量、服务质量的提升，以及对于建设成本的控制。

1. 提升网络覆盖

网络覆盖主要用覆盖率和穿透损耗等指标来描述。

覆盖率分为面积覆盖率与人口覆盖率，是描述通信业务在不同服务区覆盖效果的重要指标。面积覆盖率指在指定区域内满足一定覆盖门限条件的区域面积与总指定区域面积之比，而人口覆盖率指在服务区内满足一定门限要求的区域内人口数与服务区人口总数之比。为了满足网络覆盖的要求，需要对服务区域进行合理划分，根据不同业务的市场定位与发展目标设定不同的覆盖目标，再利用专业网络规划工具对服务区内的接收信号进行预估。根据不同业务的门限条件，对整体服务区进行统计分析，从而确保覆盖率达到规划要求。

2. 提升网络容量

对于整体无线网络，采用网络容量评估能满足对各类业务与用户规模预估的需求。对于传统无线通信网络，描述网络容量的指标包括同时调度用户数、平均吞吐量、边缘吞吐量、VoIP 用户数、同时在线用户数等。无线网络规划中，要针对不同业务的市场定位与发展目标进行网络容量规划，通过对于各种业务的用户规模和区域容量需求进行预测，根据不同业务模型进行网络承载能力的计算。

3. 提升服务质量

从 3G 移动通信系统的部署开始，无线网络服务质量成为重要的网络规划目标。其关键评估指标包括接入成功率、忙时拥塞率、无线信道呼损、块误码率、切换成功率、掉话率等。服务质量与网络覆盖及网络容量关系密切。

4. 控制建设成本

在确保网络覆盖、网络容量、服务质量三项网络性能能够达标的基础上，也需要综合考虑无线网络中远期发展与现有网络资源情况，以可持续发展的思想为指导进行长期规划，通过充分利用现网资源降低网络建设成本。

5.1.3　规划内容与流程

无线网络规划的主要对象是无线基站，通过合理的基站部署，从而达到网络建设的目标。对于新建网络，可以根据规划目标在服务范围内连续地建设基站，一般不需要考虑对现网的影响。但是因为现网运行数据的欠缺，所以只能通过理论分析、网络规划软件仿真及相关实验测试进行规划。而对于已有网络的扩容或改进规划，则可以利用已有的路测数据、用户投诉数据及网络运行数据的统计报告，所以网络规划的目标更为明确，精确度更高。

移动通信网络规划设计内容可以采用纵向方法进行分类。上层是网络的总体方案的规划设计，包括移动通信网络的拓扑结构、接口方案、容量、无线资源分配（如频率复用方案、导频偏移量规划等）、覆盖率、各网元的数质量和系统参数设置（如切换参数、功率控制参数等）等内容的规划设计。下层是网络中各网元的物理实体的规划设计，包括各物理实体的地理位置设计、具体参数设置（如天线方向角、天线下倾角、基站信道板数目等）等内容。

网络规划的流程一般分为规划准备、预规划和详细规划三个阶段，具体的工作流程如图 5.1 所示。在实际工程实践中，根据不同的通信场景与网络规划目标，可以对该流程进行合理的调整。

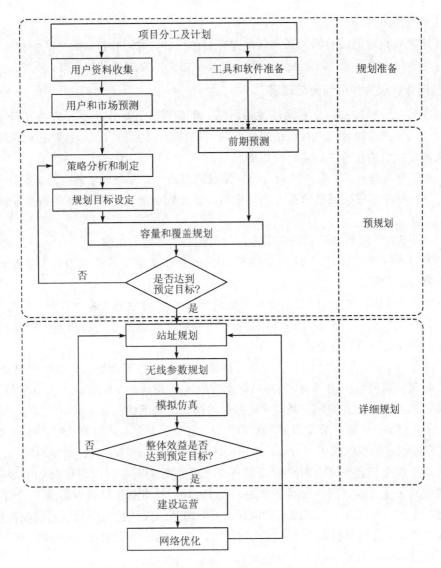

图 5.1　无线网络规划流程

5.2　网络规划流程

5.2.1　网络规划准备阶段

在网络规划准备阶段，主要对网络规划工作进行分工和计划，准备必要的工具，收集各类相关资料，并进行初步的市场策略分析。

1. 项目分工及计划

无线网络规划工作包含数据分析、软件仿真、实地勘测、无线信号测试等。负责人应根据网络规划项目的目标，确定工作内容，安排工作进度计划，选择项目组成员，使项目组成员在项目开始前对各自的工作目标、工作内容、时间节点等有清楚的认识。

2. 工具和软件准备

无线网络规划可能需要的工具和软件包括定位仪器、数码相机、纸质地图和电子地图、规划软件等。如果需要做连续波测试，还需要准备相关的发射机和接收终端等。

3. 基础资料收集和规划区域调研

资料收集与分析的目的是对网络覆盖区域、市场需求、业务规划等方面充分了解，作为规划设计的输入。调研的内容包括规划区的人口情况、经济状况、地理信息、市场情况、现有无线网络运行情况等。具体的资料信息如下：

（1）人口组成和特点。需要调研及收集覆盖区内的人口总数、年龄构成、职业组成、人口分布、教育程度和移动通信消费习惯等资料，这些数据是进行业务预测和业务模型选择的基础。

（2）经济状况。需要调研及收集本地区内的经济总量、人均收入、市政规划、经济发展规划策略与重点区域等资料，初步掌握各区域人群的移动通信消费能力，这些数据是进行业务发展预测的前提。

（3）地形、地貌、建筑。需要调研及收集包括规划区的地形、地貌的矢量信息等资料，这些信息是仿真预测室外电波传播特性的基础；而建筑物的高度、功能类型以及布局等情况，是进行室内覆盖分析和室内分布系统规划的前提。

（4）现有网络情况资料。如果是在已有网络基础上进行规划建设，则在网络规划设计之前需要收集现有网络相关资料（如基站数据、小区话务量、小区数据业务流量等），以便于在本次规划中利用现有网络资源，并且避免不同系统之间的干扰。

（5）区域划分。区域划分是对所收集的人口、经济、地形、地貌等资料进行的初步归类处理，进而根据各覆盖区域的特点，设置不同的规划目标，最终实现针对性的规划。区域划分主要从地理维度与业务维度两个方面进行。地理维度主要考虑覆盖区的地形地貌特征，而业务维度则关注覆盖范围内的经济发展、人口数量、平均业务需求等指标。

通常根据建筑物平均高度、建筑物间距、可能的基站天线挂高与周围建筑物高度之差、街道宽度和密度、建筑材料等因素，将无线网络覆盖区划分为密集市区、市区、郊区、农村等不同的地理区域，见表5.1。

表 5.1　地理区域划分

区域类型	典型区域描述
密集市区	建筑物平均高度或平均密度明显高于城市周围建筑物，地形相对平坦，中高层建筑可能较多
市区（县城）	城市内具有建筑物平均高度和平均密度的区域，有较多建筑物的城镇
郊区（乡镇）	城市边缘地区，建筑物较稀疏，以低层建筑为主，有一定建筑物的小镇
农村（开阔地）	孤立村庄或管理区，区内建筑较少，有成片的开阔地、交通干线

同时，业务分区与当地的经济发展、人口分布及潜在用户的消费能力等因素相关，其中经济发展水平对业务的需求和发展具有重要影响，见表5.2。此外，按业务发展策略和业务分布情况不同，还可以对网络的服务区域进行如表5.3所示的分类。

表 5.2　业务分区划分

业务类型	特征描述	业务分布特点
高	主要集中在区域经济中心的特大城市，面积较小。高级写字楼密集，是所在经济区内商务活动集中地，用户对移动通信需求大，对数据业务要求较高	(1) 用户高度密集、业务热点地区； (2) 数据业务速率要求高； (3) 数据业务发展的重点区域； (4) 服务质量要求高
中	工商业发达，交通和基础设施完善，有多条交通干道贯穿辖区。城市化水平较高，人口密集，经济发展快，人均收入高	(1) 用户密集，业务量较高； (2) 提供中等速率的数据业务； (3) 服务质量要求较高
一般	工商业发展和城镇建设具有相当规模，各类企业数量较多，交通便利，经济发展和人均收入处于中等水平	(1) 业务量较低； (2) 只提供低速率的数据业务
低	主要包括两种类型的区域： (1) 交通干道； (2) 农村和山区，经济发展相对落后	(1) 话务稀疏； (2) 建站的目的是解决覆盖

表 5.3　服务区域划分

区域类型	按无线传播环境分类	按业务分布分类	典型区域
高话务的密集市区	密集市区	高	特大城市的商务区
中话务的密集市区	密集市区	中	商业中心区、高层住宅区、密集商住区
一般话务的密集市区	密集市区	一般	话务较低的城中村
中话务的市区	市区	中	普通住宅区、低矮楼房为主的老城区、经济发达地区的县城
一般话务的市区	市区	一般	经济发达地区的县城
一般话务的郊区	郊区（乡镇）	一般	城乡结合部工业园区
一般话务的农村	农村（开阔地）	一般	城乡结合部工业园区
低话务的农村	农村（开阔地）	低	农村牧区
高速公路、国道	农村（开阔地）	一般	
省道重要客运铁路	农村（开阔地）	低	
一般公路、铁路	农村（开阔地）	低	

　　根据区域分类标准，可以对各类区域进行统计和定位分析。采用 GIS 软件在数字地图上进行服务区的划分，并对各个区域的类型与面积进行归类与统计。

4. 市场定位和业务预测

　　根据网络建设的需求，需要准确把握运营商的发展计划，结合前期相关业务信息，对当前无线网络确定合理的市场定位；结合服务区内不同区域的功能、建筑物及用户分布特点，进行区域划分，并确定各个区域的基本覆盖需求、质量标准及业务类型。

业务预测包括用户数预测和业务量预测。用户数预测是指通过综合考虑现有网络用户数、渗透率、市场发展及竞争对手等情况，对业务发展规划进行综合考虑。业务量预测包括语音业务预测和数据业务预测。目前语音业务相对比较平稳，增长比较缓慢；而数据业务的增长呈现指数级趋势，将会是网络预估的难点与重点。

5.2.2　网络预规划阶段

在网络预规划阶段，主要工作包括明确网络预规划目标、预估资源以及为形成站点部署指导建议书。因此需要从策略分析、规划目标取定、覆盖规划、容量规划和效益预分析等几个环节开展网络预规划。考虑到无线信道的频率特性，无线传播模型在不同频率时的预估值可能存在不同的均方误差，所以需要在预规划阶段进行前期测试。

前期测试包括扫频测试、连续波(CW)测试及室内穿透损耗测试。此任务主要是为了获取较为准确的业务区电波传播环境特征，用于校正经验的传播模型。

(1)扫频测试是对通过对业务区的目标频段进行扫频测量，掌握背景噪声与干扰情况，便于定位和消除可能的干扰源，确保网络覆盖效果。

(2)连续波测试主要针对新建网络。通过对典型区域的连续波测试，可以校正所采用的无线传播模型，进而指导覆盖规划仿真。

(3)室内穿透损耗测试中需要重点关注不同建筑物的穿透损耗，并将其应用于射频链路预算，进而预估室内覆盖范围。

1. 连续波(CW)测试

根据电波传播理论，无线电信号在较远距离(几十个波长以上)上经历的慢衰落，一般服从对数正态分布。一般在40个波长的空间距离上对接收场强平均值进行采样，从而得到对应的均值包络。此局部均值通常与特定地点的平均值进行比较。CW测试的目的是获取一定区域的局部均值，进而校正传播模型。CW测试的流程如图5.2所示。

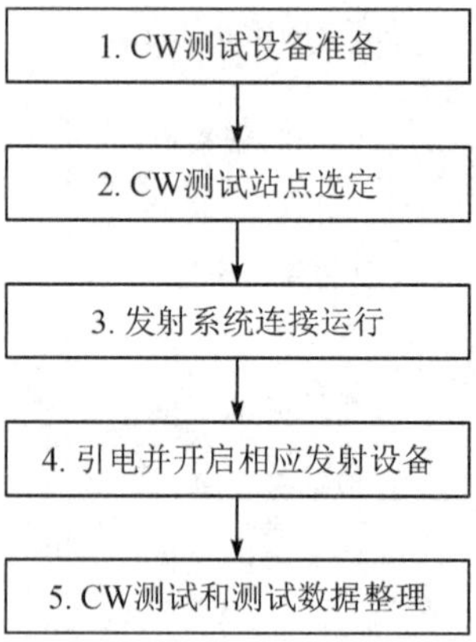

2. 测试数据处理

随机过程理论是移动通信信号分析的重要工具，测试得到的接收信号 $r(x)$ 可以表示为

$$r(x) = m(x)r_0(x) \tag{5.1}$$

式中，x 为传播距离，$r_0(x)$ 为瑞利衰落，$m(x)$ 为局部均值。$m(x)$ 是慢衰落和空间传播损耗的合成，可以表示为

$$m(x) = \frac{1}{2L}\int_{x-L}^{x+L} r(y)\mathrm{d}y \tag{5.2}$$

其中，$2L$ 为平均采样区间长度，也称为本征长度。

因为移动通信中地面传播环境在较短的时间段内是不变的，所以对于站址和工程参数确定的某一基站，其所对应的确定位置接收机的局部均值也是确定的。该局部均值是CW

图 5.2　CW 测试的流程

测试的目标数据，无线传播模型预估值也与该局部均值最为接近。CW 测试中，应该在测试区域尽可能多地进行本地均值采样，这样就可以使得 $r(x)$ 与 $m(x)$ 尽量接近。为了消除瑞利衰落对测试结果的影响，需要合理地设置本征长度 $2L$。如果 $2L$ 太短，就会存在瑞利衰落影响的残留；而如果 $2L$ 太长，则会抑制正态衰落的作用。所以一般根据 Lee 理论进行测试设置：测试采样点应该满足在 40 个波长的距离内有 36～50 个采样点，路测车速为 40 km/h 左右。

现场测试完成后，测试数据需要经过预处理、通过平均及数据偏移修正 3 步进行分析处理。通过预处理对不合理数据进行过滤，并离散化测试数据。不合理数据主要来源于定位误差和受到严重遮挡的情况。通过地理平均处理对测试数据进行地理化平均，以获得特定测量范围的区域均值。通过数据偏移修正对位置出现偏移的数据点进行修正。实测路径与电子地图可能会出现偏差，导致测试数据偏离电子地图上的路线，造成数据地理属性出现错误，所以需要人工对相关数据进行修正处理。

3. 传播模型校正

经过对测试数据的处理后，借助于网络规划仿真工具可以对 CW 测试数据进行联合校正，从而得到通用的无线传播模型，流程如图 5.3 所示。

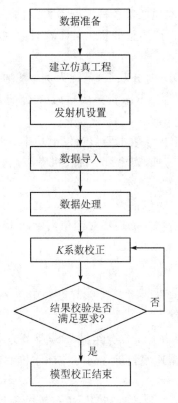

图 5.3　模型校正流程

通用的无线传播模型如下：

$$L_{\text{model}} = K_1 + K_2 \lg d + K_3 \lg H_{\text{Txeff}} + K_4 \text{Diffractionloss} +$$
$$K_5 \lg(d) \lg(H_{\text{Txeff}}) + K_6 H_{\text{Rxeff}} + K_{\text{clutter}} f(\text{clutter}) \tag{5.3}$$

其中，K_1 为频率有关的常数；K_2 为 $\lg(d)$ 的乘数因子（距离因子），表征场强随距离变化而变化的快慢；d 为收发信机之间水平距离；K_3 为 $\lg H_{\text{Txeff}}$ 的乘数因子，表征场强随发射天线高度变化而变化的情况；H_{Txeff} 为发射天线的有效高度；K_4 为衍射衰耗的乘数因子；Diffractionloss 为经过有障碍路径引起的衍射损耗；K_5 为 $\lg(H_{\text{Txeff}})\lg(d)$ 的乘数因子；K_6 为 H_{Rxeff} 乘数因子，表示场强随接收天线高度变化而变化的情况；H_{Rxeff} 为接收天线的有效高度；K_{cluter} 为 $f(\text{clutter})$ 的乘数因子，表示地物损耗的权重；$f(\text{clutter})$ 为因地物引起的平均加权损耗。

考虑到通用传播模型各参数校正的难易程度和实用性，并结合 CW 测试的实际情况，校正参数一般均定为 K_1、K_2、$f(\text{clutter})$。

根据无线网络工程的要求，无线传播模型的校准结果应当满足：标准方差<8 dB，中值误差<0。一般来说，传播模型的预测值与实测数据必然存在差异，而且该差异与地形地貌的方差大小有关。经过校正的传播模型的精度与适用范围存在矛盾，精度越高意味着对采样环境的模拟更为准确，但是相对应的模型通用范围会变小。所以根据经验，模型校正中要求误差均值小于 2，标准方差小于 8 dB（城市）或 11 dB（农村）即可。

4. 链路预算

链路预算的目的是预估在本地区域各种工程参数条件下的最大允许路径损耗，进而对目标区域的基站配置进行估算。在链路分析中，计算对象主要包括基本配置参数、收发信机参数、附加损耗及传播模型。

（1）基本配置参数。以 TDD（时分双工）系统为例，基本配置参数主要包括上下行时隙配置、特殊时隙配置、系统总带宽、RB（资源块）总数、分配 RB 数、发射天线数、接收天线数、天线使用方式等。

（2）收发信机参数。收发信机参数主要包括发射功率、天线增益、接头及馈线损耗、多天线分集增益、波束赋形增益、热噪声密度、接收机噪声系数、干扰余量、人体损耗、目标 SNR 等。

（3）附加损耗。附加损耗主要包括设计规划中应考虑的其他损耗，主要有建筑物穿透损耗和阴影衰落余量。市区建筑物穿透损耗典型值通常取 15～20 dB。在城区环境下阴影衰落余量通常取 8.3 dB。

5. 覆盖预规划

覆盖预规划中，无线网络建设的覆盖目标可以采用业务类型、覆盖区域、目标区域类型分类、覆盖概率等指标来表征。

（1）业务类型。当前网络系统中，以分组域（PS）业务为主。不同 PS 业务的覆盖能力不同，首先应明确边缘用户的数据速率目标，同时考虑不同目标数据速率的解调门限，其相对应的覆盖半径也不尽相同。

（2）覆盖区域。根据覆盖区域的地理环境，进行覆盖规划时，应从面覆盖、线覆盖及点覆盖多方面进行分析，从而确定不同建设的覆盖需求。面覆盖主要针对各个主要覆盖区域，在建设初期包括主要城区与部分郊区，在后期可以拓展至各个县城与重点乡镇。线覆盖主要面对连接各个城区的高速公路与铁路。点覆盖针对需要重点考虑的数据业务热点区域。

（3）目标区域类型分类。根据经验，一般将目标区域分为密集市区、一般市区、郊区、农村、铁路、高速公路。

（4）覆盖参数。目前无线网络建设以数据业务为主要目标，场景包括密集城区、一般市区、郊区及室内。进行链路预算时需要充分考虑建筑物与植被引起的穿透损耗。另外，在郊区、农村、高速公路及铁路等高速场景下，建筑物较为稀疏，这些场景的终端主要是高速运动的移动台，并且需要考虑车体的穿透损耗。在我国，当前主流动车组与高铁的穿透损耗达到 24 dB 以上，运动速度在 120 km/h 以上，因此对于高铁沿线的覆盖设计需要特别考虑车体损耗与多普勒效应。根据不同覆盖场景的业务需求与用户密度，覆盖率参数可以参照表 5.4。最终，结合覆盖目标与链路预算结果，可以预估出实现各类场景完全覆盖所需的最小基站数。

表 5.4　各类通信场景的覆盖率要求

覆盖区域	场景补充说明	面覆盖率/%	边缘覆盖率/%
密集市区	室内(3 km/h)	95	85
一般市区	室内(3 km/h)	90	75
郊区	室内(3 km/h)	85	65
农村	车内(120 km/h)	90	75
高速公路	车内(120 km/h)	90	75
铁路	车内(120 km/h)	90	75

6. 容量预规划

鉴于目前我国移动通信发展处于 LTE 与 5G 网络共存状态，下面以 TD-LTE 系统为例介绍容量预规划原则。LTE 基于调度算法与完全共享的原则，在网络设计中更多考虑数据业务的承载，采用链路自适应方式进行资源分配。在容量规划方面综合考虑用户信道质量与当前小区总体资源，动态调整用户资源分配，并通过选择性调度方法获得较高的频谱效率。通过系统仿真与实测数据分析，根据小区吞吐量与小区边缘吞吐量来估计网络规模。因为 TD-LTE 系统支持多种带宽的灵活配置，所以为了承载大容量的数据与语音业务，一般采用大带宽进行组网部署。

TD-LTE 的容量规划目标包括：① 最大系统数据吞吐量；② 用户体验到的最高速率；③ 支持最大用户数目。具体的 LTE 容量指标见表 5.5。

表 5.5　LTE 容量指标

参　数		定　义
用户数	调度用户数	在同一个 TTI 中被调度(传输数据)的用户数
	连接用户数	建立了 RRC 连接的用户数
	激活用户数	在一定的时间间隔内，在队列中有数据的用户
	VoIP 用户数	进行语音通信的用户数
吞吐量	平均吞吐量/(Mb/s)	L1 忙时吞吐量
	边缘吞吐量/(Mb/s)	边缘用户统计的 L1 忙时吞吐量

根据组网建设经验，影响 TD-LTE 系统容量性能的主要因素很多，重点注意以下几点：

（1）单扇区工作频段的带宽；

（2）合理的时隙配置；

（3）区域内的频率分配方式；

（4）基站天线技术；

（5）资源调度算法性能；

（6）小区间干扰消除；

具体来说，对于 TD-LTE 系统进行容量评估的指标包括最大同时调度用户数、小区平均吞吐量、小区边缘吞吐量及 VoIP 容量。

（1）最大同时调度用户数。TD-LTE 系统的最大同时调度用户数主要受限于上/下行控制信道的可用信道资源。同时，硬件资源与基带处理能力是限制单小区支持用户数的主要因素。

（2）小区平均吞吐量和小区边缘吞吐量。确保小区平均吞吐量达标是容量规划的主要目标，同时也需要兼顾小区边缘吞吐量。

（3）VoIP 容量。VoIP 容量是一个较为主观的指标，其定义是，若某用户在使用 VoIP 进行语音通信的过程中，98% 的 VoIP 数据分组的 L2 层时延在 50 ms 以内，则认为该用户对系统满意。如果小区内存在 95% 以上的满意用户，则此时该小区中的 VoIP 用户总数就是该小区的 VoIP 容量。

7. 站址预规划

移动通信无线网络的建设是一项系统工程，基站站址的合理选择不仅影响网络性能，而且关系到通信产业发展以及相关的社会效益与经济效益。综合考虑，基站部署工作中应遵循以下原则：

（1）满足覆盖与容量要求。在确保通信服务区的有效覆盖前提下，充分保证重要关键区域和用户密集区的通信需求（包括重要机关、商业区、机场和车站，以及企业办公楼和居民小区等）。应该根据话务需求进行场景预估，将站址部署于语音与数据业务需求量较大区域。根据用户密度和覆盖需求，合理地选择基站类型、小区范围及天馈系统，系统考虑无线频谱资源分配。同时，充分考虑我国目前各代通信系统共存的现状以及 5G 通信系统的长远发展规划，协调各个网络制式的协同建设与运营。

（2）满足网络结构要求。在宏站建设过程中，考虑宏蜂窝网络特征与要求，基站应尽量均匀分布。实际部署站址与设计规划应基本保持一致。在不影响网络性能的前提下，尽可能选择利用已有站址进行建站，减少建设成本。市区基站选址应与城市建设和发展相结合，利用建筑物结构特点进行多层次网络建设。务必避免将小区边缘设计在用户密集区域，确保边缘小区吞吐率满足网络性能指标要求。

（3）避免站址环境的负面影响。网络内基站天线高度应基本保持一致，且比周围平均建筑物高出 5~8 m。基站天线主瓣方向不能有建筑物明显遮挡。基站位置应处于交通便利、市电可用且环境安全区域，需要远离茂密树林来减少快衰落。在商业区中，要考虑建筑物的玻璃幕墙对于信号的反射效应。远离机场、加油站、高压电线及雷达站等区域。

总之，在无线网络预规划阶段，需要明确服务区的网络建设发展方向与策略，与具体的网络规划指标相结合。针对覆盖区内的不同通信场景和需求，在覆盖、容量、网络质量以及业务种类等指标建立具体设计目标。

5.2.3　网络详细规划阶段

无线网络详细规划阶段的主要任务是以覆盖规划和容量规划的结果为指导，进行基站站址规划和无线参数规划，并通过模拟仿真对规划设计的效果进行验证。此外，还需进行投资预算及整体效益评价，从而验证规划设计方案的合理性。

1. 站址规划

站址规划是对网络规划区域进行实地勘查，进行站点的具体布置，确定基站类型，找出适合作基站站址的位置，初步确定基站的高度、方向角及下倾角等参数。在进行站址规划时，需充分考虑现有网络站点资源的利旧以及与其他运营商的共建共享问题，需核实现有基站位置、高度是否合适，机房、天面是否有足够的位置布放新建系统的设备、天线等，同时还要考虑新建系统与原有系统的干扰控制问题。

站址规划是无线网络规划中的重要环节。由于在 LTE 系统中，主要干扰源来自相邻小区间的系统内干扰。如果站址选择不合理，干扰很难通过后期的优化调整加以控制，可能导致成片区域的信号质量恶化、有效覆盖距离收缩，使容量受到一定损失。因此，站点选址要充分考虑网络结构、站点高度、周围的无线环境等多方面的因素。

2. 无线参数规划

无线参数规划包括频率规划、码资源规划、邻区规划、跟踪区(TA)规划等。

TD-LTE 无线网络频率规划类似于目前 TD-SCDMA 网络的频率规划，可以根据可用频点数量、覆盖区域、市场和业务发展目标等进行灵活的频率配置，同时要避免同频和邻频的干扰问题。

TD-LTE 的码资源规划与 3G 网络的扰码规划较为类似。3GPP 协议规定，TD-LTE 系统支持 504 个物理小区标识(PCI)。由于 TD-LTE 中 PCI 资源非常充足，因此 TD-LTE 的 PCI 规划相对于其他网络(如 TD-SCDMA)的扰码规划要容易得多。

邻区规划对网络中用户的小区选择/重选和切换具有十分重要的影响。邻区规划主要是确定每个小区的邻区列表。

TD-LTE 中的 TA 规划与 2G/3G 中的位置区(LA)规划类似。TA 是 TD-LTE 网络中移动终端漫游的最小粒度。TA 划分得过大或者过小都会增加系统的信令负荷，因此在网络规划时需要根据 MME 处理能力、网络覆盖情况等进行合理划分。

3. 仿真模拟预测

站址规划和无线参数规划完成后，为了了解网络的覆盖、容量等性能，需要将规划的各基站参数输入到规划仿真软件进行模拟预测，以便评判网络建成后各项指标可能到达的水平，并通过与预期的建设目标对比，判断建设方案能否满足建设目标的要求。

如果仿真预测结果未能达到建设目标，则需结合实际情况对建设方案进行优化调整，然后对优化后的建设方案再次进行模拟预测，并对比预测结果和建设目标，直到模拟预测结果达到或者优于建设目标。

4. 投资估算、经济评价

为获得整个无线接入网的工程总投资情况，需要对工程中涉及的相关建设内容进行投资估算，并结合网络建成后预计的财务进行经济评估，以确定网络建设方案的经济可行性。

如果方案的经济评价达不到预期，则需要返回重新进行站址规划，并调整建设方案，在保证市场目标的前提下，选择更为经济合理的方式解决业务区的覆盖和容量问题。

5.3　网络覆盖预估

网络覆盖预估是无线网络规划的基础。在该环节，应根据无线传播模型以及通信系统对路径损耗的要求进行基站数目的预估。一般情况下，首先以理想白板模型（即理想电波传播环境）进行站点数估算，然后根据实际通信场景再在特殊位置进行基站补充部署，如图 5.4 所示。其中，MAPL 为最大允许路损（Max Allowed Path Loss），EIRP 为等效全向辐射功率（Effective Isotropic Radiation Power）。

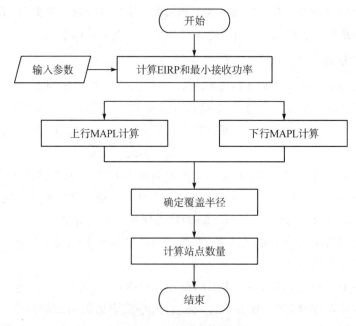

图 5.4　覆盖估算流程

覆盖规划的核心是链路预算，其输出结果为每个传播方向的最大路径损耗。将路径损耗与无线传播模型结合，就可以得到小区半径的预估值。无线网络规划中，常用的无线传播模型见表 5.6。

表 5.6　常用无线传播模型

传播模型	应 用 场 景
Okumura-Hata	1. 频率范围：150～1000 MHz 2. 小区半径：1～20 km 3. 基站天线挂高：30～200 m 4. 终端天线高度：1～10 m
COST 231-Hata	1. 频率范围：1500～2000 MHz 2. 小区半径：1～20 km 3. 基站天线挂高：30～200 m 4. 终端天线高度：1～10 m
SPM	此模型由路测数据经模型校正后得到

在 LTE 系统中，需要对上、下行物理信道均进行链路预算。实际工程中，需要确保导频和控制信道的覆盖稍大于数据信道。

5.3.1　下行链路预算

结合相关参数(如发射功率与接收灵敏度)可以计算出最大允许路径损耗，下行链路预算的原理如图 5.5 所示。根据电波传播原理，传播路径损耗包括穿透损耗、身体损耗以及线缆损耗，它们都是静态的。而天线增益与 MIMO 增益可以为信号的损耗进行补偿，从而提高最大允许路径损耗。在覆盖设计中需要对下行链路预算保留余量，确保不仅覆盖能满足规划目标，而且即使在小区负载较大或者某区域慢衰落大于平均值时也能保障正常通信。下行链路预算可以表示为

$$下行 MAPL＝EIRP－MRSS(最小接收功率)－穿透损耗－阴影余量－干扰余量 \quad (5.4)$$

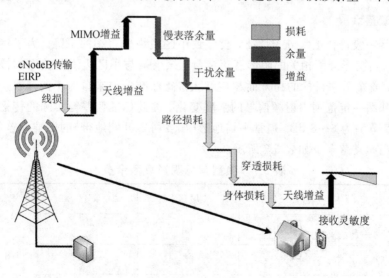

图 5.5　下行链路预算原理

1. 下行等效全向辐射功率

下行等效全向辐射功率指单个基站的发射功率，从基站天线的角度反映总的辐射水平。以 LTE 系统为例，由于采用了 OFDMA 多址方式，因此接收机灵敏度在不同带宽有所差别。在链路预算中，需要将单个 RE 看作计算的统一标准。插入损耗主要来自射频器件接头，所以可以统一取 3 dB。这样，下行等效全向辐射功率可以表示为

TXEIRP＝eNodeB 每子载波的发射功率＋eNodeB 天线增益－线缆损耗－插入损耗

$$(5.5)$$

其中，每子载波发射功率＝基站最大功率(dBm)－10 lg(子载波数)

2. 基站最大发射功率

基站最大发射功率由射频单元(RRU)的型号以及相关配置决定。对于典型宏站场景，小区最大发射功率为 2×20 W(46 dBm)。

3. 天线增益

在 LTE 系统中，定向基站天线增益为 15 dBi，全向基站天线增益在 8～11 dBi 范围内。在分集模式下，2 单元天线与 4 单元天线的理论分集增益分别为 3 dB 与 6 dB。在 Beamforming模式下，8 单元天线赋形增益为 9 dB。但是实际网络中的分集增益往往会略小于理论值。除了以上增益外，运用一些特殊算法也会产生系统性能增益，例如小区间干扰协调(Inter Cell Interference Coordination，ICIC)算法的增益典型值为 2 dB，自适应调制编码(Adaptive Modulation and Coding，AMC)和 HARQ 算法的增益典型值为 1 dB。

4. 干扰余量

链路预算中需要充分考虑干扰余量，用来补偿邻区干扰。干扰余量的设计目标一般是为了对抗底噪增加，其与传播环境、站间距、发射功率及频率复用有关。在 50% 邻区负载的情况下，一般令干扰余量为 3～4 dB。

5. 阴影衰落余量

阴影衰落一般符合正太分布特征，会导致小区边缘覆盖率的下降。为了达到目标覆盖率，需要引入与阴影衰落相关的阴影衰落余量。该余量与小区边缘覆盖率和慢衰落的标准偏差相关，随着覆盖率目标的提升而相应增大。此标准偏差来自对不同簇类型的测量，基本代表距离基站一定范围内射频信号的强度变化。因此标准偏差与实际的传播环境密切相关，一般取值范围为 6～8 dB。通常平坦地形(如乡村等开阔地带)的标准偏差值低于市区。典型场景的阴影衰落余量如表 5.7 所示。

表 5.7　典型常见阴影衰落余量

	密集城区	城区	郊区	农村
阴影衰落标准差/dB	11.7	9.4	7.2	6.2
区域覆盖率/(%)	95	95	90	90
阴影衰落余量/dB	9.4	8	2.8	1.8

6. 损耗

无线系统中的损耗主要来自线缆损耗、人体损耗与穿透损耗。馈线损耗特指基站射频线缆与接头的损耗，其与工作频段和线长相关，如表 5.8 所示。在通话状态下，终端近距离与人体接触，会导致人体生物组织吸收而造成的人体损耗，一般取 3 dB。当用户位于室内或者交通工具上时，信号会受到反射和吸收，从而产生穿透损耗。这种损耗的影响因素非常复杂，包括建筑物结构与材料、来波方向及工作频率等。实际无线网络中，穿透损耗的补偿由大量实测经验给出，并且由运营商统一制订。各类场景下的穿透损耗如表 5.9 所示。

表 5.8　不同线缆损耗

线缆类型	线缆尺寸/英寸	eNodeB 线损(100 m)/dB						
		700 MHz	900 MHz	1700 MHz	1800 MHz	2.1 GHz	2.3 GHz	2.5 GHz
LDF4	1/2	6.009	6.855	9.744	10.058	10.961	11.535	12.09
FSJ4	1/2	9.683	11.101	16.027	16.57	18.137	19.138	20.11
AVA5	7/8	3.093	3.533	5.04	5.205	5.678	5.979	6.27
AL5	7/8	3.421	3.903	5.551	5.73	6.246	6.573	6.89
LDP6	5/4	2.285	2.627	3.825	3.958	4.342	4.588	4.828
AL7	13/8	2.037	2.333	3.36	3.472	3.798	4.006	4.208

表 5.9　不同场景下的穿透损耗

场景	700 MHz	800 MHz	900 MHz	1500 MHz	1800 MHz	2.1 GHz	2.3 GHz	2.6 GHz
密集城区	18 dB	18 dB	18 dB	19 dB	19 dB	20 dB	20 dB	20 dB
城区	14 dB	14 dB	14 dB	16 dB	16 dB	16 dB	16 dB	16 dB
市郊	10 dB	10 dB	10 dB	10 dB	10 dB	12 dB	12 dB	12 dB
农村	7 dB	7 dB	7 dB	8 dB	8 dB	8 dB	8 dB	8 dB
高铁	22 dB	22 dB	22 dB	25 dB	25 dB	26 dB	26 dB	26 dB

7. 接收机灵敏度

接收机灵敏度是在工作带宽内，不考虑外部干扰与噪声，为满足业务质量要求而必需的最小接收信号水平，可以表示为

接收机灵敏度＝背景噪声＋接收机噪声系数＋要求的信干噪比(SINR)

其中，背景噪声主要来自于射频器件电阻噪声，其功率谱密度类似白噪声。以 LTE 系统为

例，工作带宽为 20 MHz 时，背景噪声为－101 dBm；接收机噪声系数是放大器的主要指标，为输入信噪比与输出信噪比的比值，表示接收机引入的噪声使得信噪比恶化的程度。信干噪比与小区边缘吞吐率和 BLER、MCS、RB 数量、上下行子帧配比（该参数为 TD-LTE 特有）、信道模型、MIMO 模式等诸多因素相关。业务速率与信干噪比的关系如图 5.6 所示。

ETU3 信道模型 SINR

业务速率	SINR -UL	SINR-DR
500 kb/s	−1.09 dB (4RB)	−0.43 dB (5RB)
1000 kb/s	−1.58 dB (8RB)	−0.85 dB (9RB)

业务速率	SINR -UL	SINR-DR
1000 kb/s	1.57 dB (6RB)	1.26 dB (7RB)
2000 kb/s	1.08dB(12RB)	0.82 dB(13RB)

图 5.6　业务速率与信干噪比（SINR）的关系

总体而言，根据工程经验，下行链路预算中最大允许路径损耗的计算如表 5.10 所示。

表 5.10　下行链路最大允许路径损耗计算

发 射 机	参 数 计 算
基站最大发射功率/dBm	A
下行带宽(RB)	C
下行子载波数	$D=12C$
每子载波的功率/dBm	$E=A-10\lg D$
基站天线增益/dBi	G
基站馈线损耗/dB	H
每子载波 EIRP/dBm	$J=E+G-H$
接 收 机	**参 数 计 算**
SINR 门限/dB	K
噪声系数/dB	L
接收灵敏度/dBm	$M=K+L-174+10\lg 15000$
人体损耗/dB	P
最小信号接收强度/dBm	$R=M+P+Q$
其他损耗及余量	**参 数 计 算**
穿透损耗/dB	S
干扰余量/dB	Q
阴影余量/dB	T
最大路径损耗/dB	$U=J-R-S-T$

5.3.2　上行链路预算

上行链路的损耗与余量设计原理如图 5.7 所示,可见上行链路预算的原理和下行链路预算基本一致。但是上行链路预算需要考虑以下问题:

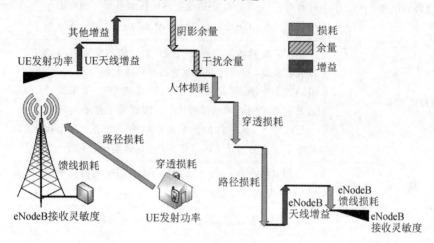

图 5.7　上行链路预算原理

(1) 发射功率:LTE 系统中,终端最大发射功率为 23 dBm。

(2) 发射带宽:终端的带宽与调度给终端的 RB 数量有关。

(3) 天线增益:终端天线为全向天线,所以天线增益一般为 0 dBi。

(4) 上行接收机灵敏度。

(5) 上行干扰余量:与 UE 的位置分布相关,通常取 3~4 dB。

在上行链路预算中,相关参数的典型取值如表 5.11 所示。

表 5.11　链路预算相关参数典型取值

参数名称	类型	参数含义	典型取值
TDD 上下行配比	公共	TDD‑LTE 支持 7 种不同的上下行配比	♯1,2∶2
TDD 特殊子帧配比	公共	特殊子帧(S)由 DwPTS(下行导频时隙)、GP(循环前缀)和 UpPTS(上行导频时隙)这 3 部分组成,这 3 部分的时间比例(等效为符号比例)	♯7,10∶2∶2
系统带宽	公共	包括 1.4 MHz、3 MHz、5 MHz、10 MHz、15 MHz、20 MHz 不同带宽对应不同的 RB 数	20 MHz
人体损耗	公共	话音通话时通常取 3 dB,数据业务不取	0 dB
UE 天线增益	公共	UE 的天线增益为 0 dBi	0 dBi
基站接收天线增益	公共	基站接收天线增益	18 dBi
馈线损耗	公共	包括从机顶到天线接头之间所有馈线,连接器的损耗,如果 RRU(射频拉远单位)上塔,则只有跳线损耗	1~4 dB
穿透损耗	公共	室内穿透损耗为建筑物紧挨外墙以外的平均信号强度与建筑物内部的平均信号强度之差,其结果包含了信号的穿透和绕射的影响,和场景关系很大	10~20 dB

续表

参数名称	类型	参数含义	典型取值
阴影衰落标准差	公共	室内阴影衰落标准差的计算：假设室外路径损耗估计标准差为 X dB，穿透损耗估计标准差为 Y dB，则相应的室内用户路径损耗估计标准差为 sqrt(X^2+Y^2)	6～12
边缘覆盖概率	公共	当 UE 发射功率达到最大时，如果仍不能克服路径损耗，那么，只要达到接收机最低接收电平要求，这一链路就会中断/接入失败。小区边缘的 UE，如果设计其发射功率到达基站接收机后，刚好等于接收机的最小接收电平，则实际的测量电平结果将以这个最小接收电平为中心，服从正态分布；视运营商要求而定	90%
阴影衰落余量	公共	阴影衰落余量(dB)=NORMSINV(边缘覆盖概率要求)×阴影衰落标准差(dB)	—
UE 最大发射功率	上行	UE 的业务信道最大发射功率一般为额定总发射功率	23 dBm
基站噪声系数	上行	评价放大器噪声性能好坏的一个指标，用 NF 表示，定义为放大器的输入信噪比与输出信噪比之比	4.5 dB
上行干扰余量	上行	上行干扰余量随着负载增加而增加	—
下行干扰余量	下行	与网络拓扑、覆盖半径、发射功率、邻区负载等因素相关	—
基站发射功率	下行	基站总的发射功率(链路预算中通常指单天线)，下行 eNodeB 功率在全带宽上分配	43 dBm

5.3.3 基站覆盖面积计算

基站覆盖面积与蜂窝组网方式和小区配置有关。令小区半径与站间距分别为 R 与 D，典型三扇区与全向基站的覆盖方式如图 5.8 和图 5.9 所示，可以看到三扇区与全向基站的覆盖面积分别为 $1.96R^2$ 与 $2.6R^2$。

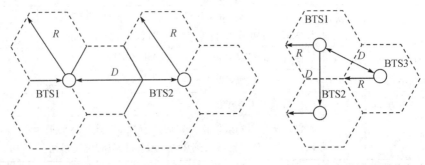

图 5.8　三扇区的覆盖方式　　　　图 5.9　全向基站的覆盖方式

5.3.4　基站数量计算

基站数量的预估是无线网络规划的重要内容，对于网络建设质量与成本具有重要意义。根据工程经验，规划区域的基站数量 N 可表示为

$$N = \frac{M}{\lambda \cdot S} \tag{5.6}$$

其中，M 为预计规划区域的面积；λ 是扇区有效覆盖面积因子，一般取值为 0.8。详细的基站数量举例如表 5.12 所示。

表 5.12　常规通信场景下基站数量举例

区域类型与覆盖要求	密集市区(三扇区)	一般市区(三扇区)	郊区(三扇区)
区域面积/km²	36.95	325.93	236.68
连续覆盖业务的小区半径/km	0.30	0.52	1.26
连续覆盖业务的基站面积/km²	0.18	0.52	3.05
基站数量/个	205	627	78

5.4　网络优化

5.4.1　网络优化的概念

网络优化是指对现有无线网络进行优化与维护，实现无线网络质量与用户满意度提升的工作。通过对已运行网络性能的分析(包括话务数据、现场测试数据及硬件设备)，查找追溯影响网络质量的因素，通过对相关工程参数的修正、网络结构的优化以及设备配置的调整等手段确保无线网络正常运行，使无线网络资源充分利用并获得最佳效益。随着 5G 移动通信网络的逐步部署，当前无线通信网络呈现出异构网特征。这种多制式多系统长期共存的状态使得无线网络优化面临着前所未有的挑战，因此需要不断进行网络优化建设，提高网络质量，为国民经济发展服务。

当前无线通信技术飞速发展，网络优化成为一项复杂、艰巨而又意义深远的工作。目前我国移动通信产业将会呈现 LTE 与 5G 网络长期共存的特点，尽管各类标准体系网络优化工作的共同目标都是提升网络性能，但是针对每种网络制式所需要采取的优化策略却不尽相同。

5.4.2　网络优化的目标

网络优化的意义在于通过提升网络质量来有效满足客户需求和提升客户感知。在我国不断深化改革和移动互联网竞争愈发激烈的环境下，无线网络运营面临诸多挑战。一方面，传统通信行业发展增速趋于缓慢，并且受到移动互联网等新兴行业的挑战，IPv6、光网络及云计算等新技术、新产品和新业务不断推出，通信市场饱和度增加，全球业务竞争加剧，导致无线网络的营销维护等成本增加。另一方面，运营商网络的集约化运营维护体系成为

必然的发展趋势,外部竞争环境促使运营商在网络维护和资源管理方面进一步提升效率,后端网络质量和服务保障竞争以及新网络、新业务的发展对无线网络维护能力的多元化、运维体系以及网络安全提出新要求。

随着传统运营商的发展与转型,无线网络建设在运维模式、运维体系、信息系统建设以及资源的精确调配等层面需进行不断的突破和创新。因此通过网络优化来提升网络性能对移动通信产业发展具有重要意义。

无线网络优化是移动通信网络运营过程中非常重要的关键阶段,对通信系统的性能和资源利用效率具有重要作用,其主要目标包括:

(1) 快速适应网络的动态变化;

(2) 提升建设后的网络运营最佳效益;

(3) 覆盖、容量和质量需要达到平衡;

(4) 提高网络服务等级和用户满意度。

5.4.3　网络优化的类型

无线网络优化是移动通信网络实际运营过程中的重要内容,通过有效不断的网络优化可以逐步改善网络性能,利用网络系统现有配置为用户提供可靠和高质量的服务。同时网络优化也能够提高系统设备利用率和系统容量,从而接纳更多潜在用户。根据优化类型,网络优化可以分为工程优化、专题网络优化和运维期网络优化。

1. 工程优化

工程优化通常在无线网络建设的初期进行,其目的是改善网络规划的缺陷,并解决基本网络问题,确保网络的正常使用。工程优化是网络建设中大幅度提升网络质量的关键阶段,直接影响到服务区的用户体验。这是后期网络质量提升的基础,同时也是工作量最集中的阶段。工程优化通过路测与定点测试结合的方式,对基站工程参数进行优化处理,从而提升网络 KPI(关键性能指标)。工程优化的内容包括单站验证、设备告警处理、频率优化、RF 簇优化、邻区优化、RF 全网络优化、基本系统参数优化、基本 KPI 优化提升等。

2. 专题网络优化

在网络正常商用后,为了针对性提升网络性能、改善网络质量、加强用户感知,需要采用专题网络优化对特定场景与需求进行优化。这种优化要求对现网数据进行全面采集,综合考虑系统性能、话务统计、网络参数和用户投诉等数据,通过深入分析找到影响网络质量的根本原因,进而制订和实施相应的优化方案,从而提升网络质量与用户满意度。专题网络优化的内容包括覆盖类优化、吞吐率优化、干扰类优化、掉线类优化、接入优化、切换类优化、时延类优化、异构网络互操作优化等。

3. 运维期网络优化

运维期网络优化指在网络建成后,为了保障网络的正常运行而进行的长期持续维护。这个过程在该无线网络运行期间都要保持进行。运维期网络优化的内容包括后台 KPI 分析、设备故障告警处理、客户投诉处理、路测以及拨打测试发现并解决网络中存在的问题等。

5.4.4　网络优化的总体流程

网络综合评估通过不断将现网的 KPI 与预期指标进行比较，从而获得协助网络运营效能改善的信息。可见这个评估工作是一项具有系统性和持续性的分析过程。网络综合评估需要建立相关评估体系，包括以下内容：

（1）网络结构评估。分析运营商的网络结果与路由协议，采用网络设备的测试命令进行网络结构与路由信息的采集，进而对现网提供分析报告以及改进措施和建议。

（2）网络负载评估。采用专用测试设备模拟网络流量受到人为增加负载后的变化，通过对网络流量参数的统计分析，为运营商提供网络负载性能的数据。

（3）网络吞吐量评估。结合网络吞吐量的测试，评估网络设备的实际传输速率。

（4）网络流量评估。实时监控网络结构中各层的流量分布，从而有效发现和预防网络流量与应用的问题，为网络优化提供依据。

（5）网络安全评估。针对网络安全进行评估与漏洞分析、安全体系构建、安全策略实施及安全管理等工作。

（6）网络 QoS 评估。通过对网络性能的测试，评估网络服务质量。

（7）网络 KPI 评估。结合网络发展阶段，进行语音业务与数据业务的 KPI 评估。

网络性能指标综合评估体系的建立需要考虑覆盖、网络容量、网络质量这三个因素。建立评估体系的步骤（如图 5.10 所示）如下：

第一步，通过数据采集、资料收集、数据分析等方式开展网络性能评估分析，了解网络性能的现状和未来优化方向。

第二步，根据已经得到的资料和数据，借助相关分析工具，深度分析网络性能现存的主要问题与原因。

第三步，形成评估分析结论。

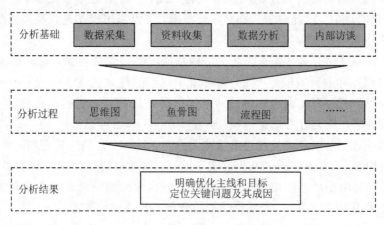

图 5.10　评估分析示例

5.4.5　室外宏覆盖优化方案

1. 常规宏站覆盖优化方案

室外宏站覆盖优化的主要任务是消除现网中的覆盖空洞、弱覆盖、越区覆盖和导频污染。覆盖空洞可以视为一种弱覆盖，而越区覆盖和导频污染都可归纳为交叉覆盖。该场景下，网络优化的对象主要有消除弱覆盖和交叉覆盖。

解决覆盖问题的手段比较多，主要包括调整天线下倾角与方位角、调整基站发射功率、调节基站天线挂高，如果以上方法效果均不理想，则需要进行基站的升级或者新增部署。

该场景下，进行覆盖优化时，需要遵循以下基本原则：

（1）先优化 RSRP，后优化 PDCCH SINR（物理下行控制信道的信噪比）。

（2）优先优化弱覆盖、越区覆盖，然后优化导频污染。

（3）优先调整基站天线的工程参数，然后考虑迁站及加站，最后考虑调整发射功率和波瓣宽度。

2. 热点覆盖优化方案

（1）高端写字楼场景。写字楼等专业办公建筑物的楼层很高，且外部附有玻璃外墙。其内部墙壁较多，公共区域多在楼层中间部分，电梯数量较多。其中高端用户较多，对通信需求在时间上具有规律性，在白天话务量远大于夜间。因此该场景通常采用室外宏站加室内分布系统对全楼进行连续覆盖。对于话务量非常大的楼宇，甚至可以在楼梯内部垂直方向划分小区，达到扩容效果。

（2）商场及购物中心场景。常见商场楼层不高，但是平层面积非常大，其话务特征同样具有时间规律性。所以如果存在两个以上基站覆盖，则采用多 RRU 小区合并组网，以减少小区间的切换和干扰。

（3）高层住宅场景。该场景下，高楼层与低楼层的覆盖较弱且易于被干扰，同时用户对无线设备敏感，话务需求较高。通常在楼道、电梯及地下车库采用室内分布系统进行覆盖补盲，对于室内采用小型化天线及高举低打或楼间对打等方式进行深度覆盖。

（4）校园场景。校园及类似场景可以按照使用功能将其分为若干个建筑区群，在各个建筑区群内部用户通信行为特征比较集中且具有规律性。各建筑群之间（例如宿舍与教学区）存在话务错峰现象。因此对于大部分室外环境，可以采用宏站进行覆盖，而对于室内场景采用室内分布系统进行深度覆盖。

（5）高速铁路优化方案。高速铁路是一种特殊的无线通信场景，高速行驶的列车与较大的车体穿透损耗导致覆盖较为困难，同时由于列车的行驶速度非常快，用户终端在不同小区切换得非常频繁，因此高速铁路的网络优化需要从两方面进行覆盖设计。首先，要进行精确的链路预算。应充分考虑穿透损耗，在 Sub 6G 频段可以采用 COST 231-Hata 传播模型预估路径损耗。采用高增益双通道基站天线时，TD-LTE 高速铁路站间距约为 920 m。其次，考虑采用多 RRU 小区合并组网。该场景下，基站与列车用户之间主要为 LOS 传播路径，可以采用链型小区连续覆盖的方案。由于一些地区铁路沿地形变化较频繁，建站难度较大，因此采用 BBU＋RRU 光纤拉远型的分布式基站进行覆盖。

（6）地铁覆盖优化方案。地铁场景下，需要接入大量通信系统，设备安装空间有限，同时地铁环境中用户对于移动通信的需求日益增加。所以通常采用多频分合路器对各系统进行合路后，通过同一套天馈系统进行覆盖。其中，站厅和站台采用式多频分合路器和宽带全频段吸顶天线进行覆盖，隧道采用壁挂式多频分合路器与泄露同轴电缆实现区间隧道无线信号覆盖。

本 章 小 结

　　本章对无线通信网络规划与优化的基本理论和方法进行了阐述。首先给出了网络规划的定义，并与网络优化进行了比较，介绍了网络规划的目标、主要内容及简要流程。然后对网络规划流程中的规划准备、预规划及详细规划三项内容进行了详细介绍；以 LTE 网络为例，对网络覆盖预估中的上行与下行链路预算方法进行了阐述，并给出了基站覆盖面积和基站数量的预估方法。最后对网络优化技术进行了介绍，包括网络优化的概念、目标、类型以及总体流程，并给出了几种典型室外宏站覆盖场景下的网络优化原则。

第6章　无线网络基站系统

6.1　5G 基站系统概述

第五代移动通信系统(简称 5G)是新一代蜂窝移动通信技术。与前几代移动通信网络相比,5G 网络的性能具有飞跃性发展。其下行峰值数据传输速率可达 20 Gb/s,而上行峰值数据传输速率超过 10 Gb/s。网络时延被大大降低,网络架构也得到简化,从而使得端到端延迟小于 5 ms。5G 将为用户带来超越光纤的传输速度(Mobile Beyond Giga)、超越工业总线的实时能力(Real-Time World)以及全空间的连接(All-Online Everywhere),进而有力地促进社会信息化的发展。

另外,5G 系统为移动运营商及其客户提供了极具吸引力的商业模式。为了支撑这些商业模式,网络建设必须能够针对不同服务等级和性能要求,高效地提供各种新服务。同时,运营商不仅要为各行业的客户提供服务,更要快速有效地将这些服务商业化。

在 LTE 系统的基础上,5G 系统的三大类应用场景包括移动带宽增强(eMBB)、大规模机器类通信(mMTC)与低时延高可靠通信(uRLLC),如图 6.1 所示。

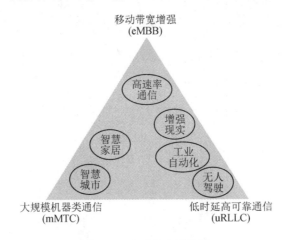

图 6.1　5G 系统应用场景

eMBB 是指在现有移动带宽业务场景的基础上,进一步提升用户体验等性能。对于移动通信用户来说,最直观的感受就是通信速率的大幅度提升。

mMTC 主要在 Sub 6G 频段进行机器类通信网络部署,并且与大规模物联网进行充分融合。随着 NB-IoT 和 LoRa 等技术标准的推广,5G 物联网建设将飞速发展。

uRLLC 的特点是高可靠、低时延、极高的可用性,具体的应用场景包括人工智能、自动驾驶、交通控制、远程施工、同声翻译、工业自动化等,这些领域是目前受关注比较多的方面。

在这三大类 5G 移动通信应用场景中,当前最具发展前景的十大应用场景为:云 VR/

AR、车联网、智能制造、智慧能源、无线医疗、无线家庭娱乐、联网无人机、社交网络、个人 AI 辅助与智慧城市。

6.1.1　5G 网络架构

首先对 5G 网络整体架构进行介绍。5G 的网络架构主要包括 5G 接入网(NG - RAN)和 5G 核心网(5G C),如图 6.2 所示。其中 NG 属于无线网和核心网的接口,而 Xn 属于无线网节点之间的接口。

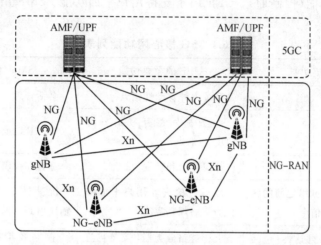

图 6.2　5G 网络架构示意图

1. 5G 接入网

5G 接入网主要包含 gNB 与 NG - eNB 两种网元。gNB 为 5G 网络用户提供 NR(New Radio,5G 空中接口技术)的用户平面及控制平面协议和功能,而 NG - eNB 为 4G LTE 网络用户提供 NR 的用户平面及控制平面协议和功能。gNB 和 NG - eNB 主要有以下功能:

(1) 无线资源管理相关功能:无线承载控制、无线接入控制、连接移动性控制、上行链路和下行链路中 UE 的动态资源分配(调度)。

(2) 数据的 IP 头压缩、加密和完整性保护。

(3) 在用户提供的信息不能确定到 AMF 的路由时,为 UE 在附着入网过程中选择 AMF 路由。

(4) 将用户平面数据路由到 UPF。

(5) 提供控制平面信息向 AMF 的路由。

(6) 连接设置和释放。

(7) 寻呼消息的调度和传输。

(8) 广播消息的调度和传输。

(9) 移动性和调度的测量及测量报告配置。

(10) 上行链路中的传输级别数据包标记。

(11) 会话管理。

(12) QoS 流量管理和无线数据承载的映射。

(13) 支持处于 RRC INACTIVE 状态的 UE。

(14) NAS 消息的分发功能。

(15) 无线接入网络共享。

(16) 双连接。

(17) 支持 NR 和 E-UTRAN 之间的连接。

2. 5G 核心网(5G C)

5G 的核心网主要包含 AMF、UPF 与 SMF 三个部分,如表 6.1 所示。AMF 主要负责访问和移动管理功能(控制面)。UPF 用于支持用户平面功能。SMF 用于负责会话管理功能。

表 6.1　5G 核心网功能列表

AMF 的主要功能	UPF 的主要功能	SMF 的主要功能
NAS 信令终止	系统内外移动性锚点	会话管理
NAS 信令安全性	与数据网络互联的外部 PDU 会话点	UE IP 地址分配和管理
AS 安全控制	分组路由和转发	选择和控制 UP 功能
用于 3GPP 接入网络之间的移动性的 CN 间节点信令	数据包检查和用户平面部分的策略规则实施	配置 UPF 的传输方向,将传输路由到正确的目的地
空闲模式下 UE 可达性(包括控制和执行寻呼重传)	上行链路分类器,支持将流量路由到数据网络	控制政策执行和 QS 的一部分
注册区管理	分支点,支持多宿主 PDU 会话	下行链路数据通知
支持系统内和系统间的移动性	用户平面的 QoS 处理,如包过滤、门控、UL/DL 速率执行	
访问认证、授权,包括检查漫游权	上行链路流量验证(SDF 到 QoS 流量映射)	
移动管理控制	下行链路分组缓冲和下行链路数据通知触发	
SMF(会话管理功能)选择		

6.1.2　5G 接入网组网方式

接入网是移动通信网络中的重要组成部分。5G 接入网中包含独立部署组网(SA)和非独立部署组网(NSA)两种组网方式。

1. SA 组网

SA 组网包括 Option 2 和 Option 4/4a 等几种接入网组网方案,如图 6.3 所示。其中虚线表示控制面,实线表示用户面。Option 2 为 NR 基站独立于 LTE,直接连接 5GC。Option 4/4a 采用 NR 基站作为控制面锚点,而 LTE 基站仅承担用户面转发功能,适用于

NR 频段低于 LTE 的场景。Option 2 逐渐被接受为 SA 组网优选方案。

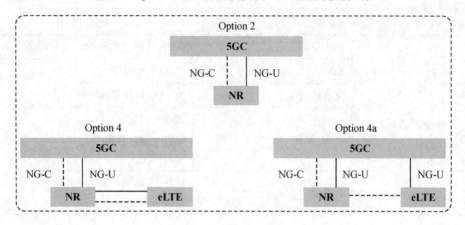

图 6.3　SA 组网结构示意图

2. NSA 组网

NSA 组网包括 Option 3/3a/3x 和 Option 7/7a/7x 等几种接入网组网方案，如图 6.4 所示，它们均采用 LIE 作为控制面锚点。用户通过 LTE 基站接入 EPC 或 5GC，而 NR 基站仅承担用户面转发功能，适用于 LTE 频段低、覆盖大于 NR 的场景。NSA Option 3x 逐渐被接受为 NSA 组网优选方案。

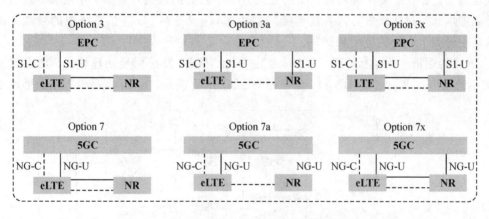

图 6.4　NSA 组网结构示意图

6.2　基站主设备

基站主设备是无线接入网的重要硬件设备之一，通过无线信道与终端设备进行通信。无线基站的主设备主要由基带处理单元(BBU)、射频模块及配套设备组成，如表 6.2 所示。

表 6.2　无线基站主设备基本组成模块

基站主设备		功能说明
功能模块	BBU	基带处理单元
	射频模块	RRU 与 AAU 等

续表

基站主设备		功 能 说 明
配套设备	DCDU	4G 直流配电单元
	EPU	5G 直流配电单元
	交流转直流	AC/DC 转换模块
	机柜/机框	室内宏机柜 室内小容量机柜 室内机柜
	其他类	室外/室内电源模块 交流防雷盒

6.2.1　射频模块

目前 5G 射频模块主要包括射频拉远单元(RRU)与有源天线系统(AAU)两种设备。RRU 是传统的中射频模块,包括调制/解调、数据压缩、射频信号与基带信号的放大等功能,在 4G 通信基站中具有重要地位。考虑到射频前端的小型化和高效率设计需求,在 RRU 与基站天线的基础上开发出了 AAU 这种新型一体化有源天线系统。AAU 将部分物理层处理功能、射频模块与无源天线结合成为一个独立的设备,并架设于塔顶,其端口与基带处理单元通过光缆等方式直接连接。这种 AAU 设备在 5G 通信系统中的微基站和室内基站中得到了广泛的应用和部署。

RRU 的逻辑结构包括 CPRI 接口、供电单元、接收/发送信号处理单元、功率放大器(PA)、低噪声功率放大器(LNA)、滤波器等,如图 6.5 所示。RRU 产品内部已经形成了成

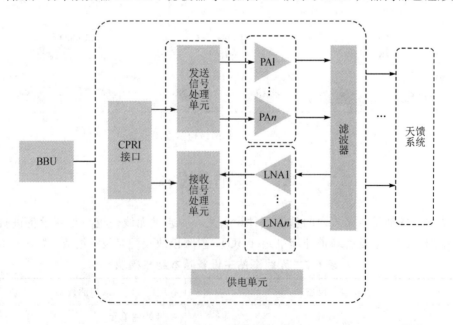

图 6.5　RRU 逻辑结构示意图

熟的模块化结构，各个模块的功能如表 6.3 所示。

表 6.3　RRU 功能模块

模块名称	主要功能
CPRI 接口	接收 BBU 发送的下行基带数据，并向 BBU 发送上行基带数据，实现 RRU 与 BBU 的通信
供电单元	将输入的 48 V 电源转换为 RRU 各模块需要的电源电压
接收/发送信号处理单元	接收通道将接收信号下变频至中频信号，并进行放大处理、模数转换（A/D 转换）；发射通道完成下行信号滤波、数模转换（D/A 转换）射频信号上变频至发射频段；反馈通道协助完成下行功率控制、数字预失真 DPD 及驻波测量
PA	对来自接收/发送信号处理单元的小功率射频信号进行放大
LNA	对来自天线的接收信号进行放大
滤波器	使射频通道接收与发射信号复用，并对接收信号和发射信号进行滤波

AAU 的应用可以有效整合运营商天面资源，简化天面配套要求，并且减少馈线损耗，这种架构方式更加适合于当前异构网络中多频段多制式组网的需求。AAU 的主要模块包括接口处理单元、射频单元和天线，如图 6.6 所示。AAU 的主要功能包括：

（1）向 BBU 接收并发送下行/上行基带数据，与 BBU 进行通信。

（2）与天馈系统连接，接收通道将来自天线的上行射频信号下变频至中频，然后进行放大处理和模数转换；发射通道对下行信号进行滤波与数模转换，然后上变频至发射频段。

（3）射频通道对发射与接收信号实现复用，使得接收与发射信号公用天线通道，并对收发信号进行滤波处理。

（4）根据通信制式要求对信号进行波束赋形处理。

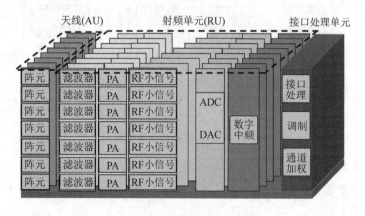

图 6.6　AAU 功能模块示意图

6.2.2　基带处理单元

在当前的 5G 系统中，对基站设备进行了重构，将原来 LTE 系统中 BBU 的部分物理层处理模块转移至 RRU，然后又将 RRU 与天馈系统融合为 AAU。另外，将 BBU 拆分为 CU 与 DU，使得每个基站拥有独立的 DU，而多个站点共用同一个 CU 进行集中式管理，如图 6.7 所示。CU 与 DU 的拆分以不同协议层实时性的要求为基本原则，因而将对实时性要求高的功能放在 DU 中处理，而把对实时性要求不高的功能放到 CU 中处理。在 5G 建网初期，CU 与 DU 的拆分在架构层面进行，硬件实体还是集中于同一个基站，随着 5G 网络的全面部署与新业务拓展，会逐步实现 CU 和 DU 的物理分离。

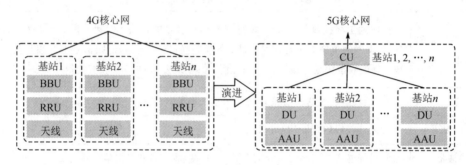

图 6.7　BBU 架构的演进

1. BBU 逻辑结构

下面以华为公司产品 BBU5900 为例介绍 BBU 的逻辑结构。BBU5900 采用模块化设计，由基带处理单元、主控传输单元、监控单元、时钟显示单元、风扇和电源模块等组成，如图 6.8 所示。

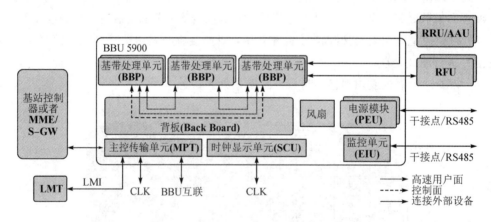

图 6.8　典型 BBU 产品的逻辑结构示意图

2. BBU 的安装

BBU 的安装需要考虑站址的具体环境，确保 BBU 性能的稳定正常。具体的安装场景如下：

（1）在室内环境下，BBU 内置于 DRRU 插框中挂墙安装，如图 6.9 所示。

（2）在机房环境下，BBU 安装在机房集中安装架上或其他机柜内，如图 6.10 所示。

（3）在室外或塔顶环境下，BBU 安装在 OMB 中，进行抱杆/挂墙安装。

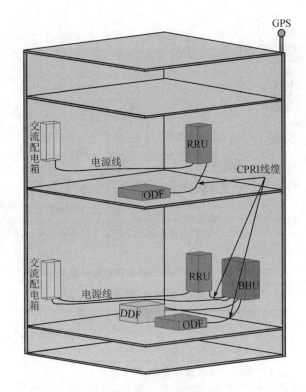

图 6.9　BBU 室内安装场景

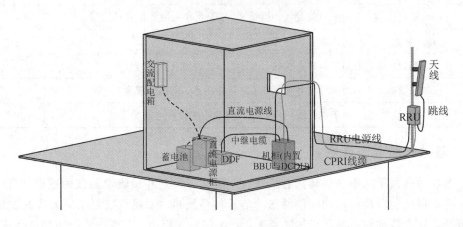

图 6.10　BBU 安装于机房内部场景

6.3　天馈系统

　　天馈系统是无线基站的重要组成部分,作为无线信号的收发前端,对于网络性能具有重要影响,同时也是无线网络规划和优化的主要内容之一。基站天馈系统主要包括天线、馈线、支撑结构,以及一些连接器和保护装备,如图 6.11 所示。天馈系统的主要模块和器件的功能见表 6.4。

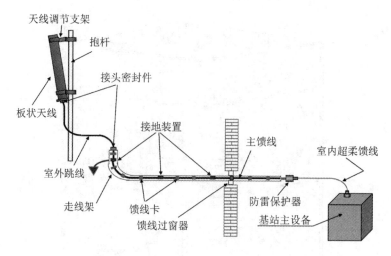

图 6.11　无线基站天馈系统结构示意图

表 6.4　天馈系统主要模块与器件

模块与器件	功　　能
天线	用于接收和发射无线电信号
天线调节支架	用于调整天线的俯仰角度
室外馈线	用于天线与 7/8″ 主馈线之间的连接
接头密封件	用于室外跳线两端接头(与天线和主馈线相接)的密封
接地装置	用来防雷和泄流
走线架	用于布放主馈线、传输线、电源线及安装馈线卡
馈线过窗器	用来穿过各类线缆,并防止雨水、鸟鼠及灰尘的进入
室内超柔跳线	用于主馈线(经避雷器)与基站主设备之间的连接

6.3.1　基站天线基本参数

　　作为移动通信系统中的射频核心组件,天线具有发射和接收电磁波的重要功能,其性能的优劣直接决定着整个移动通信网络的信号传播质量。常规双极化基站天线的主要性能参数包括电路参数和辐射参数。电路参数主要考虑输入阻抗、电压驻波比和端口隔离度等;辐射参数主要考虑辐射方向图、增益、交叉极化比等。表 6.5 所示为常规基站天线电气性能参数。

表 6.5　常规基站天线电气性能参数表

电气性能指标	
频带/MHz	824~960
增益/dBi	17
电压驻波比	<1.4

电气性能指标	
极化	±45°
端口隔离度/dB	≥30
交叉极化鉴别率/dB	≥15
水平波束宽度/(°)	87
垂直波束宽度/(°)	6.5
电下倾角/(°)	0
前后比/dB	≥25
三阶无源互调/dBm	<−107
输入阻抗/Ω	50
接头形式	7/16DIN(F)
功率容量/W	500

1. 基站天线基本单位

在基站天线的设计与部署安装过程中，需要对其各类指标的量纲单位进行准确掌握和运用，参见表 6.5。同时，也需要对一些重点量纲单位进行辨析。

（1）dB 表示功率比值的单位，等于功率比值以 10 为底求对数，是一个相对值单位。

$$a = 10 \times \lg\left(\frac{P_1}{P_2}\right) \quad \text{dB} \tag{6.1}$$

物理量单位以 dB 表示时，其取值的数字变化范围会大大缩小，且将大量乘除法运算转化为加减运算。

（2）dBm 表示一个功率值和一个固定的参考功率之比的对数值。通信工程中常以 50 Ω 阻抗上的 1 mW 作为参考值，则功率表示为

$$P = 10 \times \lg\left(\frac{P_1}{1 \text{ mW}}\right) \quad \text{dBm} \tag{6.2}$$

常见线性值功率用对数值表示如下：

0.1 mW＝−10 dBm

1 mW＝0 dBm

1 W＝30 dBm

2 W＝33 dBm

20 W＝43 dBm

50 W＝47 dBm

（3）dBc 指相对于载波的 dB 值，用于表示基站天线的互调、谐波功率和载波功率的比值及杂散发射和载波功率的比值。

（4）场强在基站天线设计中通常特指电场场强。电场强度 E 的单位是 Vm 和 μV/m，相应的对数单位为 dBV/m 和 dBμV/m。

（5）dBi 和 dBd 是基站天线增益的单位。dBi 是相对全向天线的增益，dBd 是指相对极子天线的增益。

2. 电路参数

1）输入阻抗

基站天线的输入阻抗 Z_{in} 表示其输入端的阻抗特性，其与输入电压 U_{in} 以及输入电流 I_{in} 的关系为

$$Z_{in} = \frac{U_{in}}{I_{in}} = R_{in} + jX_{in} \tag{6.3}$$

由应用场景的不同往往分为三种常见的输入阻抗，其中 77 Ω 对应的损耗最小，35 Ω 对应的功率容量最大。为了兼顾二者的优点，基站天线的输入阻抗通常设定为 50 Ω。

2）电压驻波比和反射系数

电压驻波比（VSWR）和反射系数（Γ）和回波损耗（RL）均为衡量天线阻抗匹配情况的重要指标。通常在实际应用中，天线的输入阻抗与同轴馈线的特征阻抗无法达到完全匹配，使得一部分能量被反射。反射波与入射波在端口处相互叠加形成驻波，电压驻波比在数值上等于驻波的波腹点与相邻波谷点的电压振幅比，即电压最大值 $|U|_{max}$ 与电压最小值 $|U|_{min}$ 之比：

$$VSWR = \frac{|U|_{max}}{|U|_{min}} = \frac{1 + |\Gamma|}{1 - |\Gamma|} \tag{6.4}$$

式中，Γ 为反射系数，定义为输入端的反射电压（U^-）与入射电压（U^+）的比值

$$\Gamma = \frac{U^-}{U^+} = \frac{Z_{in} - Z_0}{Z_{in} + Z_0} \tag{6.5}$$

其中，Z_{in} 为端口的输入阻抗，Z_0 为馈线的特性阻抗。此外，回波损耗反射系数的关系可以表示为

$$RL = -20 \lg|\Gamma| \tag{6.6}$$

从公式可以看出，反射系数的取值范围为 $0 \leqslant \Gamma \leqslant 1$，电压驻波比的取值范围为 $1 \leqslant VSWR \leqslant \infty$，回波损耗的取值范围为 $-\infty < RL < 0$。天线端口的匹配程度越好，反射回去的高频能量就会越少，则 Γ 越小，VSWR 越接近于 1，RL 越大。

3）端口隔离度

双极化天线可以减缓多径衰落的影响，从而提高信道容量。虽然双极化天线的两个端口相互正交，在理论上应当互不影响，但在实际应用中，因为端口距离太近以及其他因素导致端口间的电磁耦合，不可避免地带来了相互影响。端口隔离度所反映的就是两个极化端口由于相互耦合而造成的干扰程度，定义为输入到某个端口上的功率与耦合到另一个端口上的功率之比。

$$ISO = 10 \lg\left(\frac{P_1}{P_2}\right) \tag{6.7}$$

其中，P_1 表示输入到某个端口的功率，P_2 表示耦合到另一个端口的功率。一般而言，双极化基站天线的端口隔离度要求大于 25 dB。

4）功率容量

功率容量定义为可以输入天线的最大且确保天线能正常工作的平均功率。由于天线的

结构因素,其所能承受的功率是有限的。如果单端口实际最大输入功率为 20 W,则天线阵列的总输入功率为 20 NW,N 为单端口最多输入载波数。考虑实际通信过程中的信号叠加,则单端口的功率容量应当大于 20 NW。根据天线工艺水平,金属结构的对称振子天线的功率容量一般大于印刷电路板(PCB)结构的天线。

5)无源互调

无源互调(Passive Inter-Modulation,PIM)是大功率无源器件设计中需要重点考虑的现象。PIM 指天线、连接器、馈线、滤波器等无源器件在多载波大功率工作条件下,由于器件自身非线性而引起的互调效应。非线性现象的原因非常复杂,通常包括不同材料的金属的接触、相同材料的接触表面不光滑、连接处不紧密或存在磁性物质等。互调产生的额外频率分量除了提升通信系统自身的干扰水平外,还有可能会影响到其他无线通信系统。由于奇数阶的互调分量在频谱中距离原载波较近,对接收机的干扰更加明显,因此工程中重点关注三阶和五阶互调现象。

3. 辐射参数

1)方向图

天线向空间内辐射的电磁波功率密度(或场强)会随空间方位的改变而变化。辐射方向图描述的就是电磁波在远场范围内的功率密度和电场强度随方位角变化而形成的三维图形,被称为功率方向图和场强方向图,如图 6.12 所示。电场、磁场以及电磁波传播方向两两正交,通常我们用最大辐射方向的两个截面,即 E 面(电场矢量所在平面)和 H 面(磁场矢量所在平面)来描述其辐射特性。

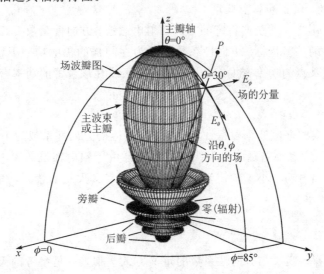

图 6.12　天线的辐射方向图

为了更好地描述天线的辐射特性,可使用以下几个性能指标:

(1)半功率波瓣宽度(HPBW)。辐射方向图的主瓣功率密度下降一半对应的两个方向间的夹角称为半功率波瓣宽度(3 dB 波瓣宽度)。对定向天线而言,其描述的是天线的定向辐射特性,波瓣越窄,能量越集中,则方向性越好。对于不同的应用场景,方向图的半功率波瓣宽度各有不同。以基站天线为例,水平面上的波瓣宽度决定了小区的水平覆盖面积以及传输距离,垂直面上的波瓣宽度则决定了小区垂直覆盖距离上信号的均匀性。工程上常用的水平面 3 dB 波瓣宽度有 65°、90°和 120°，垂直面 3 dB 波瓣宽度有 8°、15°、33°和 48°等。

（2）副瓣电平（SLL）。天线不可避免地会向偏离主瓣的方向辐射电磁波，人们将这部分波束称为副瓣。天线的辐射方向图一般由一个主瓣和若干个副瓣组成。副瓣电平定义为最大副瓣对应的最大电场强度与主瓣的最大电场强度之比。

$$\text{SLL} = 20 \lg \frac{|E_{\text{max2}}|}{|E_{\text{max1}}|} \quad \text{dB} \tag{6.8}$$

通常情况下，人们会对副瓣电平进行抑制，以此提高天线的方向性，从而降低对通信的干扰。特别是对于室外宏基站而言，上副瓣电平过高不仅会对邻近小区的通信产生严重的同频和异频干扰，而且会浪费大量的电力资源。但是，下副瓣电平却可以与电下倾和机械下倾技术结合起来，用于改善通信小区垂直距离上信号覆盖的均匀性，并解决通信基站"塔下黑"的问题。

（3）前后比（FBR）。前后比表示天线对后向辐射抑制的好坏程度，定义为主瓣最大电场强度 E_{max} 与后瓣最大电场强度 E_{FBR} 的比值。

$$\text{FBR} = \frac{U_{\text{max}}}{U_{\text{FBR}}} = 20 \lg \frac{E_{\text{max}}}{E_{\text{FBR}}} \quad \text{dB} \tag{6.9}$$

对于基站天线而言，方向图的后瓣电平过高不仅会干扰后向小区的通信质量，而且会对后端电路产生严重的电磁干扰。但是，对于铁路和高速公路等仅有前后两个通信小区的应用场景，天线的前后比过小会使得用户在小区切换过程中出现掉话的问题。一般情况下，基站天线的前后比设定为 18～30 dB。

2）方向性系数、增益和辐射效率

天线的重要作用之一就是向特定的方向辐射电磁波，方向性系数 D 和增益 G 则为衡量天线定向辐射能力的关键指标。方向性系数定义为在同样的辐射功率下，天线在最大辐射方向上远场范围内某点的功率密度 S_M 与理想点源天线在该位置的功率密度 S_0 之比。

$$D = \frac{S_M}{S_0} \bigg|_{P_{\text{in}}\text{相同}, r\text{相同}} = \frac{|E_{\text{max}}|^2}{|E_0|^2} \tag{6.10}$$

其中，理想点源天线的电磁波辐射特性为全向性，相应的方向性系数为 1。因此，天线的方向性系数均大于 1。考虑到电磁波由天线辐射出时会由于辐射体发热等一系列因素造成输出功率损耗、实际辐射功率小于输出功率，因此这里定义天线的辐射功率 P_r 与输入功率 P_{in} 的比值为天线效率。

$$\eta = \frac{P_r}{P_{\text{in}}} \tag{6.11}$$

此外，天线增益的定义与方向性系数的定义方式类似，只是参考的天线为一个非理想全向点源天线。而理想点源天线与非理想点源天线的功率密度之比可以用天线效率 η 进行描述。由此可以得到，天线的方向性系数 D 与增益 G 的关系为

$$G = \eta \cdot D \tag{6.12}$$

天线的方向性系数需要通过复杂的计算才能得到，而增益则可以直接用相应的仪器测量得出。因此，在实际工程应用中，天线的定向辐射性能通常用增益来描述，并采用分贝（dB）的方式进行表示：

$$G_{\text{dB}} = 10 \lg G \tag{6.13}$$

对于基站天线而言，天线增益的大小直接决定了通信信号的覆盖距离，增益越高，距离越远。一般情况下，室外宏基站的天线增益范围为 14～18 dBi。

3）零点填充

零点填充是基站天线特有的辐射参数指标。根据无线网络部署的要求，在基站天线垂直面方向图赋形设计中，需要考虑对旁瓣零点进行补偿和填充，从而消除覆盖区域的盲区。当方向图零点小于主波束 26 dB 时，需要进行零点填充。另外，零点填充不能过度使用，否则会导致增益损失过大，削减覆盖面积。应当注意，波束赋形技术对于零点填充的设计效果是有限的，在实际网络工程中应用基站天线时，需要将天线挂高、零点填充及下倾角设置等措施结合起来进行塔下盲区补充。

4）波束下倾技术

波束下倾技术是无线网络优化中一种常用的通过调整主波束下倾角来增强主服务区信号电平并减小对其他小区干扰的技术手段。下倾角指天线最大辐射方向与水平线的夹角，如图 6.13 所示。常用的基站天线下倾方式包括机械下倾与电调下倾。机械下倾通过调节天线支架来设置下倾角，而电调下倾是通过改变天线单元的激励相位来控制下倾角的。现网中下倾角调节是电调下倾与机械下倾两种技术结合实现的。具备电调下倾功能的天线一般称之为电调天线。

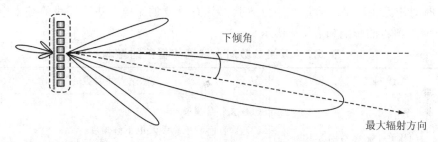

图 6.13　基站天线下倾角定义

采用机械下倾和电调下倾技术均可以调整波束覆盖范围，但效果不同。随着下倾角的增大，对于水平面方向图，电调下倾方式的各个方向电平同步下降，距离覆盖范围虽然变小，但覆盖角域不变。而机械下倾方式的各向电平没有同步下降，其边缘角域覆盖电平相对增强，可能造成对相邻扇区的干扰增加。

因此，在波束下倾要求较小时，可以采用结构简单、可靠性高、成本低的机械下倾方式，而对于大下倾角情况或复杂区域网络优化，一般采用电调下倾或者混合技术来实现。

5）交叉极化

极化的定义是在远场范围内电磁波的电场矢量随时间变化的运动轨迹或状态。根据其电场矢量变化轨迹不同，常规天线的极化可以分为两种：线极化、圆极化。其中，圆极化波可以由两个场强幅度相等且相互正交的线极化波合成。圆极化天线作为发射天线时，若线极化天线作为接收，则在任意线极化方向均可以接收到较大电平的信号。

在实际应用中，天线辐射波产生的主要电场的矢量方向即为天线的主极化方向。同时，天线会在与主极化以外的非预期方向上产生多余极化分量，该分量即为交叉极化。在线极化中，交叉极化方向与主极化方向相垂直；对于圆极化而言，其方向与主极化的旋转方向相反。从工程的角度上讲，一般收发天线极化方式须一致，即极化匹配。然而在实际情况中，收发天线并不能完全达到极化匹配，这样会造成一部分的功率被损耗掉，这部分损耗掉的功率被称为极化损失。目前基站天线通常使用＋45°/－45°双极化天线形式来减少移动通信系统中多径衰落的影响，从而提高基站接收信号的质量。

在天线工程中，任何线极化天线都不存在纯粹的极化特性，在与天线极化方向正交的方向必然存在少量辐射。交叉极化比就是一项用来衡量线天线极化纯度的常用指标，其定义为交叉极化分量与主导极化分量之间的比值（单位为 dB）。因为在空间各个方向上天线极化纯度有所不同，一般在主辐射方向上交叉极化分量最弱，而在与天线法向正交90°方向上交叉极化较强。所以工程中对于交叉极化比的定义具有一定空间角度范围，如表 6.6 所示。

表 6.6　基站天线交叉极化比的定义与要求

指　标	定　义	一般要求
法向交叉极化比	主极化方向图和交叉极化方向图在 0°视轴方向时的电平比值	≥15 dB
±60°内交叉极化比	主极化方向图和交叉极化方向图在水平角＋60°内方向时的电平比最小值	≥10 dB

总之，基站天线作为一种技术成熟且广泛应用的移动通信技术产品，其性能参数极其繁多，同时对于无线网络的质量和用户体验都具有重要的影响。基站天线的基本电气参数对于无线网络覆盖的影响如表 6.7 所示。

表 6.7　天线参数对无线网络覆盖的影响

无线网络性能	基站天线参数
网络基本覆盖范围	(1) 水平面波束宽度 (2) 垂直面波束宽度及电下倾角度 (3) 前后比 (4) 增益
网络容量与干扰抑制	(1) 交叉极化比 (2) 上旁瓣抑制 (3) 波束偏移及方向图一致性
网络盲区补偿与干扰抑制	(1) 下零点填充 (2) 方向图圆度

6.3.2　基站天线结构

1. 基站天线单元

与其他种类的天线产品不同，基站天线单元根据加工方式与原理主要可以分为微带天线、印刷电路板振子、压铸振子及钣金冲压振子，如表 6.8 所示。综合考虑性能与成本，目前 4G 与 5G 网络中常用的基站天线单元形式为压铸振子和钣金冲压振子，而印刷电路板振子也在部分场合投入使用。

表 6.8　各类基站天线单元比较

方案	优　点	缺　点	质量控制点
微带天线	(1) 成本较低 (2) 振子形式简单 (3) 易与微带馈电网络一体化	(1) 带宽较窄 (2) 辐射参数优化较困难 (3) 装配精度难以保证 (4) 功率容量较小	(1) 基板的强度 (2) 塑料支撑的稳定性和耐久性
印刷电路板振子	(1) 尺寸精度高 (2) 频段较宽 (3) 设计周期短	(1) 无源互调性能较差 (2) 在低频段面积较大	(1) 基板互调特性 (2) 铜皮处理工艺
压铸振子	(1) 设计自由度大 (2) 结构一致性好 (3) 生产效率高 (4) 成品可靠性高	(1) 设计周期长，模具费用高，初期投入大 (2) 结构工艺设计要求高 (3) 成本相对较高	(1) 力学设计 (2) 合金工艺 (3) 表面毛刺和涂覆
钣金冲压振子	(1) 连续模一次冲压成型 (2) 低频段成本较高	(1) 振子辐射口径面过大 (2) 对焊接工艺要求高 (3) 设计自由度相对较小	(1) 板材厚度 (2) 结构稳定性 (3) 不同金属的铆接控制

2. 基站天线阵列与馈电网络

为了得到较高的增益以及波束赋形性能，基站天线必须采用阵列天线形式。常见的无源基站天线由若干个直线阵列组成，而每个直线阵列均包含若干天线单元。

基站天线阵列设计中的主要参量为阵元数量、阵元排列方式、阵元的馈电幅度和相位。根据方向图乘积定理，天线单元的辐射特性决定了阵元方向图，而阵因子则由阵元排列形式与馈电权值所决定。如图 6.14 所示的均匀直线阵列，假设阵元为全向点源，各阵元在远场 P 点的辐射方向平行。令每个阵元在 P 点相应的电场强度为 E_N，阵元间距为 d，相邻阵元相位差为 ϕ，则 N 元点源天线均匀直线阵的远区电场强度可近似为各个阵元在该点电场强度的矢量和：

$$E = E_1 + E_2 + \cdots + E_N$$
$$= E_1 \mid 1 + e^{j(kr_2+\phi)} + e^{j2(kr_3+\phi)} + \cdots + e^{j(N-1)(kr_n+\phi)} \mid \tag{6.14}$$

其中，$r_1 = r_2 = \cdots = r_n$。令 $u = k\Delta r + \phi = kd\cos\theta + \phi$，则阵因子为

$$\mid F_a \mid = \mid 1 + e^{ju} + e^{j2u} + \cdots + e^{j(N-1)u} \mid = \left| \frac{\sin\left(\dfrac{Nu}{2}\right)}{\sin\left(\dfrac{u}{2}\right)} \right| \tag{6.15}$$

可见该理想状态的直线阵列所对应阵因子的方向图为三角函数。由于阵元的辐射场同相叠加方向有多个，所以阵列方向图会有多个栅瓣出现。由天线阵列理论可知，栅瓣形成角度与阵元间距有关。

$$\frac{d}{\lambda} < \frac{1}{1 + |\sin\theta_0|} \qquad (6.16)$$

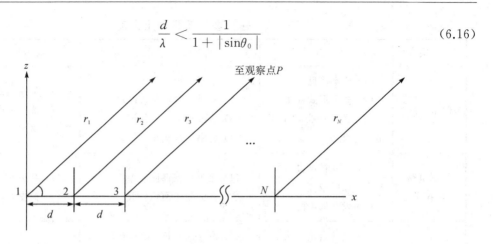

图 6.14　均匀直线阵示意图

所以可以通过减小阵元间距的方法来抑制栅瓣。然而，阵元间距过小会导致主波束增益降低，所以根据经验，基站天线阵元间距通常取 0.7λ 左右。

此外，以上阵列方向图的预估基于方向图乘积定理，并假设每个阵元的方向图相同。实际基站天线阵列中每个阵元的方向图随着其在阵列中的拓扑位置会发生变化，而且不同频段的阵元方向图也会有所不同。这一点在基站天线设计中需要重视并处理。

传统无源基站天线架构中，多个阵元组成的子阵列对应于一个 TRx 端口。需要馈电网络将子阵列内部阵元连接起来，并连接至相应的 TRx。目前常用的基站天线馈电网络包括空气微带线馈电网络、印刷电路板微带线馈电网络及同轴电缆馈电网络，其对比如表 6.9 所示。通常使用同轴电缆馈电网络较多，但实际工程中需要根据应用场合选择合适的馈电方式。

表 6.9　各类馈电网络方案的对比

方　案	优　点	缺　点	质量控制点
空气微带线馈电网络	(1) 成本低 (2) 插损小 (3) 设计自由度较大	(1) 稳定性和一致性差 (2) 寄生辐射较大 (3) 多个辐射指标相互矛盾	(1) 底板强度 (2) 天线防水设计 (3) 塑料支撑的耐久性
印刷电路板微带线馈电网络	(1) 精度高，稳定性好，指标一致性好 (2) 便于大批量生产 (3) 设计自由度大	(1) 成本高，损耗大 (2) 无源互调性能较差	同印刷电路板振子
同轴电缆馈电网络	(1) 稳定性好 (2) 无寄生辐射 (3) 布线自由度较大	(1) 成本较高，焊点多 (2) 设计自由度小	(1) 电缆质量 (2) 布线 (3) 焊接

3. 电调下倾天线的馈电网络

电调天线下倾角的调整与扫描需要通过馈电网络来实现，即采用移相器来代替固定的馈电结构，如图 6.15 所示。连续电调天线通过移相器控制输入天线内不同振子单元的信号相位来控制天线主辐射方向，其原理如图 6.16 所示。对于阵元间距为 d 的 N 元直线阵列，令相邻阵元相位差为 ϕ，则最大波束形成于与法线方向成 θ_0 的空间方向。

$$\phi = \frac{2\pi}{\lambda}d \cdot \sin\theta_0 \qquad (6.17)$$

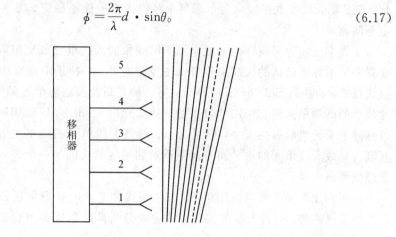

图 6.15　移相器控制波束下倾角原理示意图

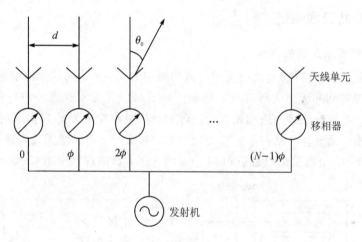

图 6.16　移相器原理示意图

电调天线的移相器与天线外部的远程控制单元（Remote Control Unit，RCU）连接，以远程遥控的方式来调整天线的下倾角。移相器的精度、稳定性、可靠性直接影响天线波束的下倾角度以及方向图的形状。根据所使用的材料，移相器可以分为机械式、铁氧体材料、开关式及磁滞延迟式。其中机械式移相器由于其优良的性价比特点，在 4G 与 5G 无线基站中得到了广泛应用。

4. 多频基站天线

随着 5G 通信的普及以及毫米波无线通信应用的发展，除了传统天线所必需的良好的阻抗匹配特性和辐射特性外，多频化逐渐成为基站天线的研发热点。多频天线一般分为两种：一种是工作频率相近的小频率比天线；另一种则是工作频带相距很远的大频率比天线。

小频率比天线通常分为多频单天线以及多频天线阵列。这种天线多以添加寄生枝节、在辐射体上开槽以及弯折辐射振子的方法来实现。添加寄生枝节可以使天线在原有基础上产生新的谐振模式，从而产生新的工作频带。在辐射体上开槽通常可以达到陷波的效果，可以在某个频段内形成阻带，滤除无用的频带达到多频化的目的。弯折辐射振子则是采用曲流技术增加电流路径，将通带内的低频辐射零点向低频方向移动，从而实现天线的多频化。但是单天线实现多频化会带来整个频带内方向图不稳定、方向图在某个频段内恶化严重等问题。

小频率比多频天线阵列一般采用不同频段的天线单元分别组阵来实现多频化。目前产业界和学术界所公认的天线组阵方式主要有两种：一种是由高频辐射单元和低频单元分别组成线阵，再进行 Side by Side 排布；另一种是高低频辐射单元采用共轴嵌套的方式，将尺寸较小的高频单元嵌套于尺寸较大的低频单元内。Side by Side 组阵方式结构相对简单且有效地减小了天线的纵向尺寸，但是由于高低频天线单元的频率比低，高低频辐射单元间相互耦合导致天线单元的水平面方向图不对称问题是当前的一个设计难点，在设计过程中需要谨慎考虑。

大频率比多频天线可应用于 Sub-6G 频段和毫米波频段集成设备上，是未来无线通信的必然发展趋势。这种天线的实现方式主要包括高阶模式的组合、高低频天线共口径设计及多模复合传输线等方法。

6.3.3　有源基站天线系统

1. 移动通信有源天线的结构

相对于传统的有源 TRx 与基站天线分离的架构方式，移动通信系统中的有源天线是指系统级有源收发阵列和无源天线阵列的集成，如图 6.17 所示。有源天线包括三大子模型：收发单元阵列、无源合分路网络和无源天线阵列。其中收发单元阵列实现射频信号与基带信号的相互转换，无源合分路网络主要实现波束的预成形，而无源天线阵列进行定向辐射。图 6.17 中，共有 K 个收发信机通道和 M 个天线振子，目前现网中 $K \leqslant M$。

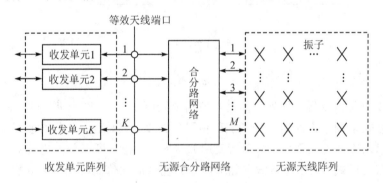

图 6.17　移动通信有源天线结构示意图

2. 有源基站天线的特点

相比于传统基站天线，有源基站天线的集成度大大增加，如图 6.18 所示。传统基站天线为与 RRU 相分离的独立无源设备，其方向图仅具有下倾角扫描能力；而有源基站天线的多个 TRx 端口与辐射单元或子阵列直接相连，增加了信息通道数目，为大规模波束赋形与 Massive MIMO 等通信技术建立了硬件基础。

有源基站天线将天线和有源模块集成为一个整体，可以减少馈线损耗并简化建站工程。

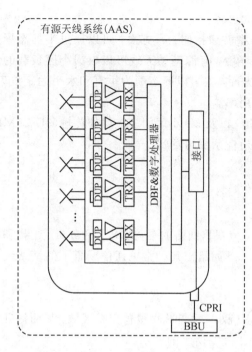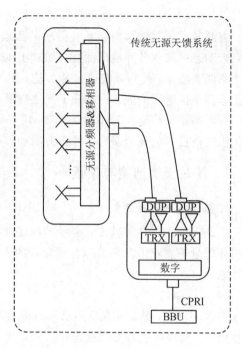

图 6.18　有源基站天线与传统基站天线的比较

　　根据传统基站施工经验，RRU 与无源天线之间通过射频电缆连接，其馈线损耗高达 1～3 dB；而有源基站天线中，TRx 与天线通过微波连接器进行互连，此时损耗可以降低至 0～0.5 dB。尽管有源天线产品整机的厚度会远大于无源天线，但是有源基站天线的架构会节省出 RRU 的安装空间，并且基站安装复杂度大大降低。在无线网络优化或者扩容时，有源基站天线的安装部署成本也明显低于传统方式。

3. 有源基站天线的典型应用

　　因为有源基站天线具有释放出天线阵列波束赋形的潜力，使得基站天线波束能够在垂直和水平两个维度进行调整和扫描，所以有源基站天线对于无线系统容量提升和覆盖扩大具有重要的推动作用。有源基站天线的典型应用场景如图 6.19 所示。UE1 与 UE2 表示两个不同的终端，Rx1 与 Rx2 表示两个不同的接收机，f1 与 f2 表示两个独立的载波，Cell1

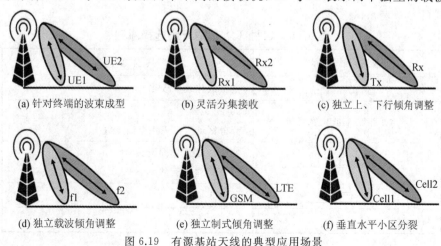

图 6.19　有源基站天线的典型应用场景

与 Cell2 表示由初始小区分裂而来的两个独立的小区。

有源基站天线能够根据系统需求灵活地调整波束指向：一方面，可以通过半静态配置波束来动态适应业务环境的变化，如对于城区环境，有源基站天线可以根据小区负载的变化动态调整波束，使得系统容量最大化；另一方面，也可以静态配为垂直和水平固定波束，从而达到小区劈裂的效果，提升了系统资源复用率。

有源基站天线与 3D-MIMO、3D MU-MIMO 以及 3D 小区间多点协作传输（3D-CoMP）等无线通信技术的充分融合，将有力推动移动通信系统的发展。

6.3.4　基站天线选型与架设

1. 基站天线选择原则

基站天线产品种类繁多，实际工程建设中，应根据网络的覆盖要求、话务量、干扰和网络服务质量等实际情况来选择合适参数的天线。下面给出几种常见通信场景下的基站天线选择原则。

1）市区环境

市区环境中，站址密集，要求单站覆盖范围较小，尽量减小覆盖交叠区域，从而提升频率复用率。所以市区基站天线选择可以参考如表 6.10 所示的原则。

表 6.10　市区环境基站天线选择原则

基站天线指标	具 体 要 求
极化方式	双极化
水平半功率波束宽度	$60°\sim65°$
增益	$15\sim18$ dBi 或 $10\sim12$ dBi
下倾角	$3°\sim15°$
零点填充	不作要求

2）农村环境

农村环境中基站分布稀疏，话务量较小，但是要求实现大面积覆盖。这种场景下天线选用原则可参考表 6.11。

表 6.11　农村环境基站天线选择原则

基站天线指标	具 体 要 求
极化方式	垂直极化或双极化
水平半功率波束宽度	$90°$ 或 $120°$ 部分区域可以采用全向天线
增益	$16\sim18$ dBi（定向天线） 11 dBi（全向天线）
下倾角	预置 $3°$ 或 $5°$
零点填充	大于 15%

3）公路环境

公路环境中用户高速移动，话务量较低，需要重点考虑带状覆盖问题。公路环境差别很大，需要根据实际情况进行基站建设。例如，高速公路和铁路等较为平直的环境，可以在公路旁边建站；而蜿蜒起伏的山区公路环境，则需要结合公路附近乡村民居的覆盖进行建站。另外，公路与铁路穿过的地形通常复杂多变，各种山体、植被、隧道、建筑物等传播环境都会影响网络覆盖效果。所以这种场景的天线选型应优先考虑选择高增益天线进行广覆盖，然后对弱覆盖区域进行补盲处理。相关天线选择原则如表 6.12 所示。

表 6.12　公路环境基站天线选择原则

基站天线指标	具 体 要 求
极化方式	垂直极化
方向图特征	高增益定向天线覆盖公路沿线 全向天线覆盖公路及附近村庄
增益	17～22 dBi（定向天线） 11 dBi（全向天线）
前后比	定向天线的前后比不宜太高

4）山区环境

在山区环境中，山体和植被对电磁波传播的遮挡较为严重，覆盖难度大。因此需要对该环境进行广域覆盖，将基站设置在山顶上、山腰间、山脚下或山区里的合适位置。在盆地中心建站时，可以考虑采用全线基站天线覆盖；在高山上建站时，需要考虑终端用户与基站之间落差引起的"塔下黑"现象，采用大下倾角全向天线进行覆盖；在山腰建站时，山体会遮挡山体背面覆盖区域，所以需要采用定向天线进行小区建设。具体的天线选择原则如表 6.13 所示。

表 6.13　山区环境基站天线选择原则

基站天线指标	具 体 要 求
极化方式	垂直极化或双极化
方向图特征	盆地和地形起伏较小区域用全向天线 山腰采用定向天线
增益	15～18 dBi（定向天线） 9～11 dBi（全向天线）
预置下倾角与零点填充	山顶建站时，需要进行零点填充和预置下倾角

5）隧道环境

隧道环境中，外部基站无法对该场景实现良好的覆盖，所以必须针对隧道进行单独建站。这种场景的特点是话务量较小，同时不会存在干扰控制问题。需要重点考虑的是基站天线的选择与安装维护。天线选用原则如表 6.14 所示。

表 6.14　隧道环境基站天线选择原则

基站天线指标	具 体 要 求
极化方式	双极化
方向图特征	高定向窄波束
增益	10～12 dBi(隧道长度小于 2 km) 22 dBi(较长隧道)
预置下倾角与零点填充	无下倾,不需要零点填充
天线形式	八木/对数周期/平板天线

6) 室内分布系统

室内通信环境较为复杂,钢筋混凝土结构与全封闭式的外部装修,会产生严重的信号屏蔽和衰减作用。建筑物的低楼层盲区较多,而高楼层则信号干扰较强。在一些商业区中,宏基站信号会穿透进入到室内,导致小区重选频繁,严重影响通信质量。目前主要的室内覆盖解决方案为室内分布系统,即将基站信号通过有线方式引入室内各个房间或区域,然后通过室内天线将信号发射出去,从而为室内的移动通信用户提供稳定可靠的通信服务。室分系统包括信号源设备(微蜂窝、宏蜂窝基站室内直放站)、室内布线及相关设备(同轴电缆、光缆、泄漏电缆、电端机、光端机等)以及室分天线。

根据建筑物自身特点与室分系统架构,可以选用以下常见的室分天线:吸顶天线、壁挂天线、杯状吸顶单元及板状天线。此类天线增益较低,可以覆盖较大室内空间,在 2G、3G 及 4G 系统中得到了广泛使用。在 5G 与未来移动通信系统中,基于有源基站天线技术的皮站和飞站将会加快部署应用,并且与 WLAN 充分融合。

2. 基站天线的架设与安装

随着移动通信产业的蓬勃发展,基站站址资源日益稀缺。为了充分利用天面资源,实现站址共享,基站天线架设需要采用天线共塔形式。因为多面天线安装在同一个铁塔上,所以需要规范安装操作才能避免系统间互扰,并确保施工安全。

1) 天线支架安装

在室外宏站场景下,天线需要安装于支架上,在设计与施工过程中需要注意以下几点:

(1) 天线支架安装平面和抱杆必须严格垂直于水平面。

(2) 做好防雷击措施,天线支架应处于避雷针保护范围。

(3) 支架与铁塔平台应牢固地固定,同时要允许后期网络优化时的天线调节。

(4) 支架结构应考虑承重与风阻性能,并且不能影响天线的电气性能。

2) 天线安装

5G 系统中定向板状基站天线是宏基站设备的主流产品,安装流程如图 6.20 所示。安装过程中需要注意的事项包括:天线中心距离铁塔应保持 $3\lambda/4$ 以上,以确保辐射特性不受影响;通过增大天线间距来保证系统之间的隔离度(天线隔离度应大于 30 dB)。

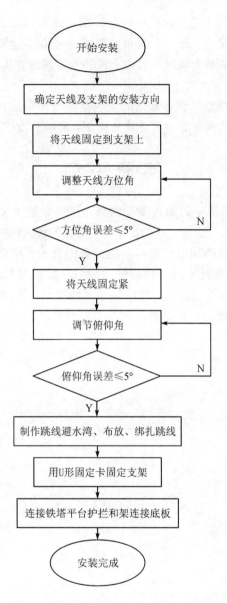

图 6.20　定向板状基站天线安装流程图

3. 基站天线参数调整

基站天线的工程参数会直接影响到网络覆盖与容量，同时也是无线网络优化的主要对象。

1) 天线高度的调整

因为移动通信中 LOS 路径是主要的信号传播通道，无线电波的传播范围与基站天线高度相关，所以调整天线高度参数是控制小区覆盖范围的主要手段之一。在城区环境，由于基站数目很多，因此需要控制基站天线高度，否则会造成话务不均衡和系统内干扰，从而严重影响网络质量。

2) 天线俯仰角的调整

在垂直面上进行天线俯仰角的调整可以使天线至本小区边界的射线与天线至受干扰小

区边界的射线之间处于天线垂直方向图中增益衰减变化最大的部分，从而使受干扰小区的同频干扰及邻频干扰减至最小。此外下倾角的调整也可以小范围地优化小区半径。在某些特殊场景下，甚至可以使基站天线在垂直面上向斜上方辐射，从而实现对极高楼层的覆盖。

3）天线方位角的调整

天线水平方位角的调整能够保证基站的覆盖范围与预期设计相同，从而保证网络正常运行，同时依据话务量与现网状态进行方位角微调，能够有效优化网络质量。

本 章 小 结

本章以 5G 移动通信系统中的无线基站为例，详细介绍了无线基站的架构组成。首先对 5G 网络的架构特点进行了介绍，并给出了 5G 系统的接入网组网方式。然后详细阐述了射频模块与基带处理单元这两项最重要基站主设备的结构、功能及应用范围，重点强调了有源集成化在当前基站设备研发设计领域的重要性。最后对基站天馈系统进行了详细描述，包括基站天线的基本参数与结构、有源基站天线系统，并结合实际无线网络建设场景给出了基站天线选型与架设的基本原则。

第 7 章　无线通信电波测量技术

对真实场景的信道特性进行分析是无线信道研究的基础，也是移动通信网络建设的前提。而无线电波的测量与预估是无线信道建模的两项重要内容。对于统计信道建模预估技术来说，不仅要关注单个传播路径的损耗，还要对所有传播路径进行综合分析处理。合理的信道测量方案和先进的测量技术为无线信道建模提供了良好的途径与手段。

无线通信测量技术在信道建模过程中具有核心性的支撑作用。所有的信道模型都是基于信道测量的，对统计性信道模型而言，各个信道特性参数的参数值直接来自信道测量；对于确定性信道建模而言，其模型的准确性也必须通过实际的信道测量来验证。总之无线信道测量是获得实际通信环境特征、准确建立信道模型的重要基础。

7.1　电磁场测量原理与常用仪器

7.1.1　电场强度测量原理

电磁场测量可以分为对电场强度、磁场强度和电磁场功率通量密度等的测量。通过对无线电测量仪器进行不同频段和类型探头的配置，能够实现对各类电磁辐射现象的监测。根据测量频段的特征，可以分为针对宽带电磁场测量的非选频式场强测量仪（如综合场强仪）和针对特定频率的选频式电磁测量仪（如场强干扰仪频谱仪）。测试现场应根据不同的测量种类选择合适的仪器，从而达到最佳测量结果。

1. 电场强度测量原理

电容法是目前常用的电场强度测试方法，如图 7.1 所示。对于各类应用，可以采用相应的电极，将平行板电容放置于交变电场中。在交变电场的作用下，电路中产生相应的交变电压信号。因为平行板电容的尺寸远小于低频信号波长，所以可以将其看作一个电容偶极子。其工作原理等效为如图 7.2 所示的并联或串联电路。

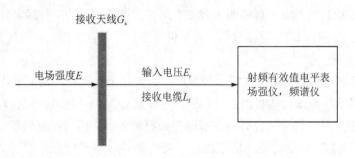

图 7.1　电场强度测量原理

如图 7.2 所示，交变电流由电流源进入交变电场内的感应器中，介电电流可以用平行板电极上电场强度 E 的积分表示：

$$I = J\omega\varepsilon \int_A E\,\mathrm{d}A \qquad (7.1)$$

其中，J 为电流密度，ω 和 ε 分别为电流角频率和介电常数，A 为电极有效面积。计算出介电电流变化与被测电压 U_m 之间的对应关系，并结合测量回路的输入电容 C_m，即可得到被测电场强度 E 与 U_m 之间关系：

$$U_m = \frac{\varepsilon \int_A E\,\mathrm{d}A}{C + C_m} \qquad (7.2)$$

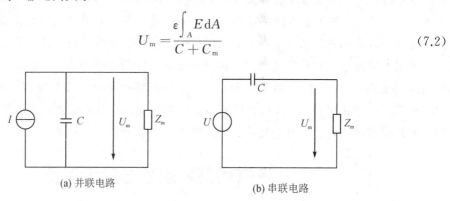

(a) 并联电路　　　　　　　　　　(b) 串联电路

图 7.2　电场测量等效电路图

电磁辐射测量仪器由天线与电压表组成。待测时变电磁场通过探测天线接收，在接收机中由电磁场转换为交变电压。因此只要掌握场与电压的转换关系，并结合天线校准系数 $A_v(\mathrm{dB})$ 就可以获知场强信息。电压表根据工作频段分为窄带（选频式）及宽带两种类型。选频式电压表灵敏度较高，而宽带电压表灵敏度较低，但功率容量较大。对于无线通信系统中的电波测量，需要考虑宽带电磁噪声，所以普通电压表不能完成相关测量，而是需要用专业测量接收机或频谱分析仪。需要指出的是，这两种仪器本质上都是选频式电压测量仪表。

2. 电磁干扰测量原理

电磁干扰（EMI）是由电磁干扰源引起的设备、传输通道或者系统性能的下降。依据传播途径，电磁干扰包括沿信号线或电源线传播的传导干扰与向空间中传播的辐射干扰。电磁干扰测试指按照电磁兼容测量标准，在规范的电磁兼容实验室里，遵照标准的测量方法对被测设备（EUT）进行测试。这种测试需要专用测试设备与系统，包括 EMI 测试接收机及配套设备，如人工电源网络、电流探头、人工模拟手、功率吸收钳、测量天线、天线塔与转台等。

根据电磁干扰的传播方式，电磁干扰测量分为传导干扰测量与辐射干扰测量。如图 4.3 所示为典型电磁干扰测试接收机的系统框图。在测试过程中，先将测试仪器调谐于测量中心频率 f_I，令该频率的信号经过高频衰减器与高频放大器，然后在混频器中与本地振荡器的 f_{LO} 信号进行混频。生成的混频信号经过中频滤波器后得到中频信号 $f_{IF} = f_{LO} - f_I$，然后中频信号经中频衰减器与中频滤波器进行包络检波。滤除中频后得到低频信号 $A(t)$。对 $A(t)$ 进行加权检波可以得到 $A(t)$ 的峰值、有效值、平均值或准峰值，最后将相关结果进行数字显示。

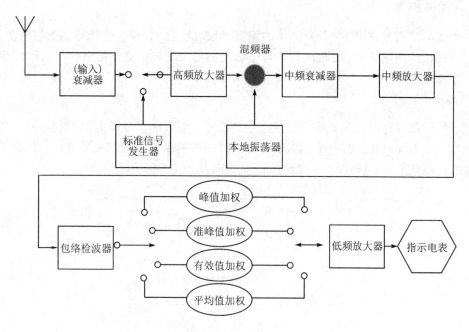

图 7.3　典型电磁干扰测试接收机系统框图

　　该测量系统的对象是信号电压，如果要进行场强或干扰电流测试，则需要额外引入换能器。借助于换能器，可以将测量到的端口电压转化为场强、电流或者功率。根据测试对象的不同，换能器可以采用天线、电流探头、功率吸收钳或电源阻抗稳定网络等形式实现。

　　频谱分析仪与电磁干扰接收机都是对频域信号进行测量，二者类似，但存在以下区别：

　　（1）深入射频信号的前端处理。频谱分析仪的输入端通常是一组简单的滤波器，而接收机需要采用对宽带信号有较强的抗干扰能力的预选器。对于来自电源开关的宽带脉冲信号或者来自广播发射机的窄带信号，频谱分析仪可能出现过载。

　　（2）扫频信号。电磁干扰测量不仅需要能够手动调谐搜索频点，也需要快速直观地观察被测设备的频率电平特征。这就要求本振信号具有扫频功能。频谱分析仪通过斜波或锯齿波信号控制扫频信号源来实现信号扫频，因此其本身具备扫频功能。因为接收机采用步进频率扫描，所以获得的测试结果曲线由离散的点频测试组成。相应地，频谱分析仪不能进行点频扫描测量。

　　（3）中频滤波器。频谱分析仪的分辨率带宽通常为幅频特性的 3 dB 带宽，而电磁干扰测试接收机的中频带宽为幅频特性的 6 dB 带宽。因此在实际测量中，需要注意不同带宽时，二者测量结果的区别。

　　（4）检波器。根据电磁兼容标准，接收机一般都包含准峰值检波器、有效值检波器、平均值检波器和峰值检波器，但是通用频谱仪一般只带有峰值检波器和平均值检波器。

　　（5）测量精度。由于接收机的信号处理更为系统合理，因此接收机比频谱仪具有更高的精度。

7.1.2　常用测量仪器

在无线电波测量技术中，针对具体的测量对象与环境，需要合理选择适当的测量仪器，才能达到最优的测量结果。常规电磁场与电磁波测量仪器包括宽带场强仪与选频式场强仪两类，分别介绍如下。

1. 宽带场强仪

宽带场强仪又称非选频式场强测量仪，主要用于电磁辐射环境的测量与监控。宽带场强仪由探头、主机和上位机构成，如图 7.4 所示。其中探头单元的常见形式包括偶极子天线组、端接肖特基检波二极管及 RC 滤波器，其原理如图 7.5 所示。

图 7.4　宽带场强仪系统架构图

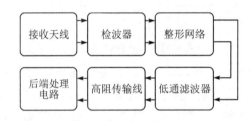

图 7.5　探头原理示意图

为了获得空间中三维极化信息，偶极子天线组由三个正交线极化天线构成。经过滤波器检波处理后的直流电流由高阻传输线或光缆送入数据处理和显示电路。由于偶极子天线组的尺寸很小，因此对待测场强的扰动也很小，其等效电容 C_A 与等效电感 L_A 可以根据双锥天线理论得到。

$$C_A = \frac{\pi\varepsilon_0 L}{\ln\dfrac{L}{a} + \dfrac{S}{2L} - 1} \tag{7.3}$$

$$L_A = \frac{\mu_0 L}{3\pi}\left(\ln\frac{2L}{a} - \frac{11}{b}\right) \tag{7.4}$$

其中，a 为天线半径，b 为环半径，S 为偶极子截面积，L 为偶极子实际长度。因为偶极子天线的特征阻抗呈现容性，所以输出电压是频率的函数。

$$U = \frac{L}{2} \times \frac{\omega C_A R_L}{\sqrt{1 + \omega^2\,(C_A + C_L)^2 R_L^2}} \tag{7.5}$$

其中，ω 为角频率，C_L 为天线负载电容，R_L 为负载电阻。因为 C_A、C_L 基本不随频率变化，所以提升 R_L 可以改善频率响应。为了避免场源频率对于输出电压的影响，通常采用高阻传输线进行信号传输。

令探头中的三个正交偶极子天线分别沿 x、y、z 三个方向放置，则可以得到待测场的厄米特幅度（Hermitian）。

$$U_{dc} = C \cdot |K_e|^2 \cdot [|E_x(r\omega)|^2 + |E_y(r\omega)|^2 + |E_z(r\omega)|^2]$$
$$= C \cdot |K_e|^2 |E(r\omega)|^2 \tag{7.6}$$

其中，C 为检波器引入的常数，K_e 为偶极子与高频感应电压间的比例系数，E_x、E_y、E_z 分别为对应于 x、y、z 方向的电场分量，$E(r\omega)$ 为待测电场幅度。由上式可见，采用端接平方律特性二极管的正交偶极子天线组接收到的输出信号，其总直流输出电压正比于待测电场的平方，而且功率密度也正比于待测电场的平方。因此，经过校准后 U_{dc} 就等于待测电场的功率密度。如果在测量仪器电路中引入开平方电路，则 U_{dc} 值为待测电场强度值。

除了采用偶极子天线组作为探头外，热电偶型探头也可以在工程中广泛使用。这种探头由三个正交热电偶节点阵组成，可以产生与热电偶元件切线方向场强成正比的直流输出。因为待测场强与极化无关，所以这种类型的探头具有很宽的工作频带，但是应该确保沿 x、y、z 三个向分布的热电偶元件的最大尺寸应小于最高工作频率的 1/4，以避免产生谐振。这种热电偶型探头的缺点在于响应与动态范围较差。

如图 7.4 所示的主机单元对测量信号具有放大、处理及显示功能。该单元定时接收来自探头的数据，进行处理、存储与转发，并使用计算机作为上位机进行控制、标校等。接口单元位于探头与主机单元之间，用于实现数据连接功能。通常使用光纤进行数据传输，但是需要在两端接口使用具有抗干扰性能的光电转换器。另外，还需要连接主机单元与计算机来完成上、下位机数据通信。软件单元采用先进的数字信号处理方法对测量信号进行处理与显示，并提供合理的人机界面。

采用宽带场强仪进行辐射测量时，为了保证测量的准确度，对测量仪器的电性能要求如下：

(1) 各向同性误差：$\leqslant \pm 1$ dB。

(2) 系统频率响应不均匀度：$\leqslant \pm 3$ dB。

(3) 灵敏度：0.5 V/m。

(4) 校准精度：± 0.5 dB。

2. 选频式场强仪

选频式场强仪主要用于对环境中低电平电场强度进行测量，在电磁干扰与兼容领域应用得比较广泛。这种仪器在经过对接收机系统进行校准后，也可以用于环境电磁辐射测量。选频指的是只针对特定频段进行测量，只允许小频率范围信号进入接收机。在滤除额外频段信号后，选频式场强仪的灵敏度远高于宽带场强仪。

根据待测信号频谱的不同，选频式场强仪也根据检波方式分为两类：第一类采用峰值检波，可以测量广播电视及部分窄带信号；第二类采用准峰值检波，可以测量较宽频谱的电磁脉冲源（如火花放电等现象）。常用频谱分析仪兼具这两种检波功能。

如图 7.6 所示为选频式场强仪的基本原理图。电磁波经过天线接收转化为接收电磁信号，接收信号被低噪声放大器放大，然后传送至可变衰减器，然后由混频器下变频为中频信号。经过中频滤波放大和检波后，可以测量出电磁信号的最大电平。再经过 AD 转换器将电磁信号转化为数字信号，由控制处理单元进行计算，最终完成处理并显示记录。频率选择功能主要由混频器和本振电路完成。

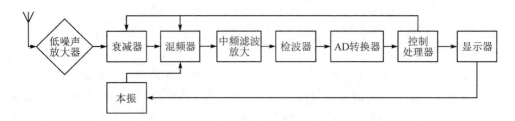

图 7.6　选频式场强仪的基本原理图

根据以上原理，待测电场场强表示为

$$E(\mathrm{dB}\mu\mathrm{V/m}) = K(\mathrm{dB}) + U_\mathrm{r}(\mathrm{dB}\mu\mathrm{V}) + L(\mathrm{dB}) \tag{7.7}$$

其中，K 是天线校正系数，可由场强仪的附表中查得；U_r 是场强仪的读数；L 为电缆损耗。部分场强仪的天线校正系数曲线中已经包含了电缆损耗。

对于脉冲信号的测量，U_r 值随带宽变化，所以需要归一化于 1 MHz 带宽的场强值。

$$E(\mathrm{dB}\mu\mathrm{V/m}) = K(\mathrm{dB}) + U_\mathrm{r}(\mathrm{dB}\mu\mathrm{V}) + 20\lg(1/\mathrm{BW}) + L(\mathrm{dB}) \tag{7.8}$$

其中，BW 为选用带宽，单位为 MHz。相应的平均功率密度为

$$P_\mathrm{d}(\mu\mathrm{W/cm^2}) = \frac{10^{\dfrac{E(\mathrm{dB}\mu\mathrm{V/m}) - 115.77}{10}}}{10q} \tag{7.9}$$

式中 q 为脉冲信号占空比。

对于选频场强仪，天线的作用非常重要，测量精度与天线增益密切相关，而且测量范围受限于天线工作频段。因此在测量过程中，需要对所选择测试天线的频率范围、天线增益以及阻抗、驻波比、前后比等指标进行严格考查。

基于频谱分析仪的场强测量原理与场强仪类似，如图 7.7 所示。这种测试方法中将频谱分析仪作为接收机，将测量天线与频谱分析仪直接连接即可。此时频谱分析仪的读数由 dBm 换算为 dBμV。需要注意的是，与频谱分析仪连接的天线系统需要进行校准后才能准确测量。

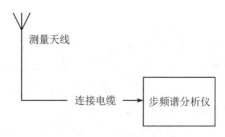

图 7.7　基于频谱分析仪的场强测量原理框图

3. 测量天线

无线电波测量仪器的天线作为电磁场的感应器件，对于测量系统的准确度具有重要意义。目前常规测量系统中，天线与接收机/频谱分析仪是相对独立的，即对于某接收机系统，可以选择多种天线作为接收器。但是由于不同天线的频率响应和结构特征的差别，天线选型需要慎重对待。

对于宽带场强仪等宽频段测量设备，常用的电波测量天线有鞭状天线、半波振子天线、对数周期天线、环行天线等。天线系数 A_F 是测量天线的最重要参数，即

$$A_F = \begin{cases} \dfrac{E}{u_i}, & \text{电场测量} \\[2mm] \dfrac{H}{u_i}, & \text{磁场测量} \end{cases} \tag{7.10}$$

其中，u_i 为电压表所测得的电压。电压表读数乘以天线系数即为所测场强。对于选频式测量设备，其测量天线的天线系数会随着测量频率变化而变化。

7.1.3　场强测量基本要求与注意事项

1. 基本要求

电磁场测量是一项较为复杂的系统工程，在测量过程中需要遵守以下基本的要求：

(1) 测量环境应该满足相关仪器的使用环境要求，并对测量环境进行记录。

(2) 测量点的定位需要考虑测量结果的代表性，针对测量目的设计相应的测量方案。应当积累足够多次的测量数据，确保测量结果的可靠性。

(3) 测量前应该对环境场强最大值进行预估，便于合理地选择测量仪器。确保仪器的工作频段、量程与响应时间等参数指标与测试对象相符。

(4) 对于测量过程中出现的异常数据，应根据实际测量现场情况，基于统计学原则进行处理。

(5) 需要将电磁场测量结果建立完整的数据存档，并对测量设备、测量方案、测试点位置、原始测量数据以及处理方法进行记录保存。

(6) 如果在使用宽带测量设备进行电磁环境测量时出现异常结果，则需要进一步采用选频式测量仪器进行详细复查，追踪主要辐射源。

(7) 对基站等辐射源进行测量时，需要避免周边偶发干扰源的影响。如果有不可避免的干扰辐射源，则需要明确其对测量结果的影响。

2. 注意事项

(1) 测试前评估测试对象。在进行电磁场辐射测量前，为了适当地选择测量仪器与设计测试方案，需要充分预计辐射源的特性及可能的传播特征。常见辐射源及其传播特性包括：辐射源的类型和发射功率、调制特性、载波频率、相关因子、极化方向、辐射源数目及空间位置、可能的吸收或反射物。

(2) 合理选择测量设备。宽带测量设备的特点是具有各向同性或有方向性响应的带宽，可以应用于宽频段电磁辐射的测量；窄带测量设备能够对带宽内某特定频谱分量进行接收和处理，所以常用于单频或者一致频率的电磁辐射现象。

(3) 测量参数的选择原则。针对不同频段的电磁波，所测量的场参数有所不同。对于 30 MHz 以下的频段，需要分别测量电场参数与磁场参数；在 30～300 MHz 频段，对工作场所进行电场参数或者磁场参数测量，对其他区域仅测量电场参数；在 300 MHz～300 GHz频段，只测量电场参数。

7.2 移动通信电场强度测量原理

电波测量是移动通信研究的重要基础之一，目前常见电波传播场强均值或者路径损耗均值预测模型都是基于实测数据得到的。本节介绍移动通信电波传播场强测量原理与方法。

7.2.1 场强测量基础知识

移动通信系统中，终端所接收到的无线信号场强具有明显的起伏随机性特征，使得对接收信号场强的理论计算非常复杂和困难。在无线网络电波传播特性研究过程中，必须先对大量实测数据进行统计分析，然后结合具体场景的地形和地物特征对场强进行修正处理，最终才能得到满足工程要求的场强或者路径损耗预估模型。所以研究电波传播特性的一般过程如下：

（1）进行场强理论分析计算；

（2）建立电波传播模型的经验公式，设计合理的测量方案；

（3）开展实测并得到所需模型。

可见，高效准确的场强测量方法对于移动通信电波传播非常重要。

1. 测量系统

无线通信系统中电波传播测量一般采用自动测量系统，如图 7.8 所示。以 LTE 城区宏站系统为例，基站架设于高层建筑物上，为了实现良好的覆盖，输出功率应在 50 W 以上。

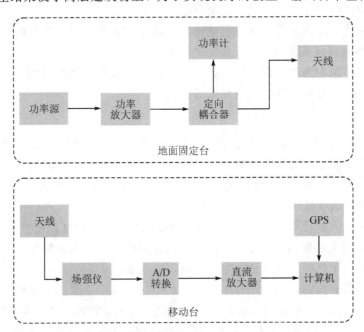

图 7.8 自动测量系统原理框图

2. 测量方法

电波传播测量方法的选择对于测量结果的准确性和可靠性具有重要意义，同时也会影响测量工作与数据处理效率。在无线测量工作中，应根据真实场景分析各种测量方法的合理性、可行性及结果的可信性。考查测量方法的主要依据是取样区间长度、样本间隔、取样频率和重复测量次数等关键测量设置参数。下面介绍两种常用的电波测量方法。

1）区间重复测量方法

该方法根据长期电波测量工程经验总结归纳而来。进行取样区间长度设计时，既要使得该取样区间包含足够多的相互独立的样本，又要确保区间长度不能过长，导致信号电平中值明显变化而影响统计结果的准确性。因此取样区间长度可以设置为 100～200 m。为了消除路径误差、环境干扰及其他偶然因素的影响，一般需要在同一个取样区间内进行 3 次以上的充分测量。

2）Lee 方法

一般来说，移动通信场强测量的对象是某测量点的信号强度均值，即慢衰落引起的信号起伏变化。然而，在移动通信系统中，终端接收信号是由快衰落信号与慢衰落信号叠加而成的，所以需要在测量过程中去除快衰落的影响。通常移动通信信道中快衰落信号幅度变化服从瑞利分布，而慢衰落信号的幅度则服从对数正态分布。经过理论分析，可以认为取样区间长度为 20λ 时，快衰落成分对信号均值的影响小于 1.5 dB；当取样区间为 40λ 时，其影响小于 1 dB。以 1.11λ 的间隔可抽取互不相关的 36 个样本值，再求其均值作为该测试点的统计结果，即可获得 90% 以上的置信度。

3. 三个重要测量参数

1）取样区间长度

取样区间的长度应该足够大，使得样本数目达到能够反映真实场强分布的要求，同时也应避免对额外干扰的引入。取样区间长度与偏差的关系曲线如图 7.9 所示，L 表示取样区间的长度。

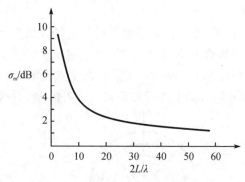

图 7.9　取样区间长度与偏差的关系曲线

2）样本间隔和采样频率

根据采样定理，样本间隔决定在确定的取样区间内的采样样本数目。样本数越大，所获得的结果置信度越高，且偏差越小。但是这些采样样本之间必须是相互独立的，否则根据统计学原理样本的处理结果将没有意义。所以需要对所获得样本的相关性进行分析。一般采用信号包络的自相关特性曲线进行样本相关性分析，如图 7.10 所示。当自相关函数 $R(d)=0$ 时表示采样数据完全独立，此时各个采样数据之间的间隔为最佳样本间隔。实际工程中，几乎无法获得 $R(d)=0$ 的自相关函数，所以通常认为 $R(d) \leqslant 0.2$ 时，样本间隔就达到要求。

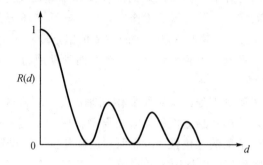

图 7.10　信号包络的自相关特性曲线

同样根据采样定理，当采样频率为信号频率的 2 倍以上时，采样数据不能反映真实信号的情况。假设信号的快衰落周期为 0.5λ，则采样间隔应选择 0.25λ。此时对应的采样频率为

$$f_s = \frac{v}{0.25\lambda} \tag{7.11}$$

其中，v 表示测量终端的运动速度。所以实测中采样频率应该满足 $f_s = v/\lambda$，而测量终端应当保持匀速运动，并以固定的速率进行测量采样。

3）最少重复测量次数

因为电波测量的场强是随机的物理量，所以需要多次重复测量才能使得获得的统计结果逼近真实情况。在测量现场，测量次数的设置还需要考虑测量成本和环境安全等多方面因素。所以需要综合效率与成本各项因素，合理地设计可接受的误差范围和置信度，并在此要求下估计最少重复测量次数。例如，根据工程经验，在置信度为 90%，误差小于 1 dB 的条件下，每个测点至少需要重复测量 4 次。

4. 测量点的分布选择

根据电波传播理论与工程经验，固定辐射源的辐射场强值与传播距离呈现对数线性关系，所以测量点的选择应该符合距离倍增规律。令发射机位于坐标系原点处，假设发射天线为全向辐射，则可以选择在 8 个传播方向上进行测量点设置。在距离发射机分别为 1 km、2 km、4 km、8 km、16 km 同心圆上进行测量，如图 7.11 所示。如有必要，可以在更远的

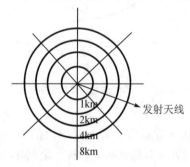

图 7.11　测量点设置分布图

距离上按照倍增关系增加测量点设置。按照该测量点分布进行测量，能够获得足够的数据进行场强分布。在每个测量点进行定点测量的基础上，还需要以小于 30 km/h 的均匀行车速度进行连续测量，这样就可以获得运动状态下的测量结果。此外，对于特殊位置还需要进行全程连续测量或长时间定点测量。

7.2.2　测量数据处理方法

后期数据处理同样也是电波测量的重要环节，其目的是采用统计学方法得到场强均值与传播距离之间的关系，从而掌握无线传播环境中路径损耗的规律。

1. 场强均值计算

某次实测场强曲线如图 7.12 所示，表示某终端在采样周期 T 内运动一段距离过程中场强随时间的变化。

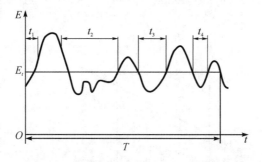

图 7.12　某采样周期 T 内场强变化

如果采样周期 T 设置足够长，则在 T 范围内不超过 E_i 电平值的概率为

$$p(\%)=\frac{t_1+t_2+t_3+t_4}{T}\times 100\%=\frac{\sum\limits_{i=1}^{n}t_i}{T}\times 100\%\qquad(7.12)$$

其中，E_i 称为相应场强值不超过 P 时间概率的场强。P 通常取 50%、80%、95% 和 99%。$P=50\%$ 时的 $E_{50\%}$ 称为采样周期 T 内的场强均值。

根据数理统计理论，采样周期 T 越大，则所获得的场强均值 $E_{50\%}$ 就越接近于真实场强。但是在实际测量现场，过大的采样周期 T 会导致测量距离增大。在过大距离范围进行测量时，场强均值有可能发生变化（尤其在非视距环境）。所以在测量方案设计过程中，应当根据测量目标与无线传播环境合理选择采样周期。

2. 数据处理

在发射机的辐射功率和天线工程参数确定的情况下，对每个测量点的取样区间进行 N 次重复测量就可以得到 N 个采样周期 T 内的 N 个场强均值。如果实际测量时采用连续测量，则可以按照等间隔距离设置采样间隔。这是因为在连续测量过程中，无法对每个测量点进行重复测量，所以每个测量点对应一个场强均值。这样接收点场强的有效值表示为

$$E=\frac{68.8\sqrt{P_T D_T}\,h_T h_R}{\lambda d^2}\qquad(7.13)$$

其中，P_T 与 D_T 分别为发射机的发射功率与发射天线方向性系数，h_T 与 h_R 分别为发射天

线与接收天线高度，d 为收发天线之间的距离。令

$$B = \frac{68.8\sqrt{P_T D_T}\, h_T h_R}{\lambda} \tag{7.14}$$

因为 B 是恒定值，所以可以将式(7.13)改写为

$$E = \frac{B}{d^2} \tag{7.15}$$

如果 E 和 B 以 dB 为单位，则

$$E = B + 20\lg\left(\frac{1}{d^2}\right) = B - 40\lg d \tag{7.16}$$

　　由此可见，E 与 $\lg d$ 呈现线性关系。如果以相同测量方向上不同距离测量的所有场强均值为纵坐标，并以距离的对数作为横坐标，则可以得到一条直线，如图 7.13 所示。所以，通常采用线性回归分析方法所得到的残差平方和作为最小回归直线方程来描述场强随距离的变化规律。

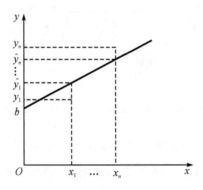

图 7.13　线性回归曲线

　　如图 7.13 所示的线性回归直线可以用方程表示为

$$\hat{y} = a\hat{x} + b \tag{7.17}$$

式中，a 为直线斜率，b 为截距，其取值可以通过实测数据计算得到。

　　假设有 n 组数据(x_1,y_1)，(x_2,y_2)，$\cdots$，(x_n,y_n)，则

$$L_{xy} = \sum_{i=1}^{n}(x_i - \bar{x})(y_i - \bar{y}) \tag{7.18}$$

$$L_{xx} = \sum_{i=1}^{n}(x_i - \bar{x})^2 \tag{7.19}$$

$$L_{yy} = \sum_{i=1}^{n}(y_i - \bar{y})^2 \tag{7.20}$$

由式(7.17)的定义可以得到

$$a = \frac{L_{xy}}{L_{xx}} \tag{7.21}$$

$$b = \bar{y} - a\bar{x} \tag{7.22}$$

式中，$\bar{x}$、$\bar{y}$ 分别为 x、y 的 n 次实测值的算术平均值。

　　对于由以上方法所获得的线性回归方程，需要进行置信度检验才能用于测量结果分析。通常采用相关系数 r 表示数据可靠性。

$$r = \frac{L_{xy}}{\sqrt{L_{xx}L_{yy}}} \tag{7.23}$$

相关系数 r 的检验通过查表进行判断。r 的值应大于或等于表中数值，才说明置信度 $(1-\alpha)$ 合格。α 为置信系数。

3. 传播曲线和场强分布图

通过将 (x_i, y_i) 替换为 $(\lg d_i, E_i)$，则可以给出线性回归曲线，该曲线表示某测量方向上场强均值随传播距离的变化特征。对于连续测量的情况，可以采用最小二乘法拟合平滑曲线来表示实际场强随距离变化的起伏情况。依据各个传播方向上的场强均值与传播距离的关系，将每个测量点的场强均值标注在测量区域的数字地图上，并根据场强间隔的要求平滑连接 8 个方向上的等场强点，就可以得到该测量区域的场强均值等高线图，如图 7.14 所示。

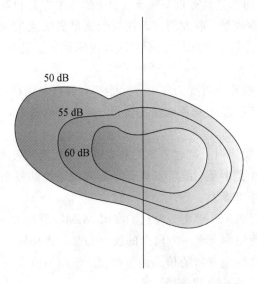

图 7.14　合成的测量区域场强均值等高线图

7.3　毫米波无线电波测量系统

毫米波通信是 5G 与未来移动通信系统研究与应用的重点，其相关传播特性的建模与测量技术是大规模天线阵列、波束赋形以及超密集组网等技术的基础。与目前采用的 Sub 6G 频段无线通信信道传播机制不同，高频段的毫米波传播损耗明显增大，而且该频段传播特性更容易受到天线、建筑物、人体及各类植被的衰落影响。因而在毫米波无线信道测量技术研究中应当关注以下问题。

1. 收发系统的宽带化处理

在毫米波频段，常规的相对带宽（如 $10\%\sim20\%$）对应着 GHz 级别的绝对带宽。尽管射频器件能够达到带宽指标要求，但是在无线传播环境中毫米波将呈现出与较低频段微波信号差异较大的信道特征。根据奈奎斯特采样定律，为了在时延域得到较高的多径分辨率，就必须拓展信号带宽。所以在毫米波传播测量系统的建立过程中，需要重点考虑可以支持高频宽带信号且能够保证带内信号具有优良平坦度的信号发生器,同时相应的接收机也应该具备下变频与高速采样功能。

2. 动态范围

因为毫米波在传播路径中的损耗远大于 Sub 6G 频段,所以当毫米波传播测量系统应用于室外远距离传播场景或者室内遮挡严重的非视距场景时,探测信号可能会衰减至低于环境噪声,以至于无法被接收机检测分辨。扩大测量系统的动态范围,确保毫米波信号能够在超远距离以及复杂场景下能够被有效检测和分析是毫米波信道测量的重要研究内容。

3. 三维空间角度域精度

由毫米波通信系统与 Massive MIMO 充分结合形成的大规模天线阵列可生成分辨率极高的三维可扫描笔状波束。在此前提下,毫米波信道的三维角度域色散特性对于 Massive MIMO 性能和技术方案的选择具有重要影响。相应的测量方案和设备的设计与选择需要慎重考虑空间角度域的精度问题。收发测试天线应当满足真实通信场景的性能模拟要求。目前毫米波测试系统的天线主要分为真实 MIMO 天线阵列、虚拟 MIMO 天线阵列与旋转定向喇叭天线三种。

(1) 真实 MIMO 天线阵列需要为每个阵元连接有源收发信机,从而实现多通道信号的同时收发处理。该方案能够准确完备地收发信号,测量精度较高,但是也存在成本较高的缺点。

(2) 虚拟 MIMO 天线阵列通过电子开关来实现阵元切换,从而模拟 MIMO 收发效果。这种方案不需要过多的中射频器件,可以显著降低测试系统的复杂度与成本,但是此方案对于开关器件的性能要求非常高。

(3) 旋转定向喇叭天线是一种更为简化的虚拟 MIMO 测量方案,其通过转台来控制喇叭天线的指向,从而实现俯仰及水平方向上的波束扫描,并且针对每个波束指向的接收信号进行合成,最终得到三维全方向的信道测量数据。该测量方案对转台精度要求较高,而且需要高性能的喇叭天线探头完成测量。

4. 同步和校准

与其他通信系统类似,毫米波电波测量系统的收发端口之间也需要高精度的同步和校准处理,从而对抗收发频率偏移与时间偏移,保证测量的稳定性与准确性。毫米波测量系统的同步方案包括硬同步法与 GPS 铷钟驯服法。

(1) 硬同步法是用射频线缆直接连接收发信机并进行低频参考信号的传递。这种方法仅适用于室内场景或者近距离传播环境的测量,在远距离传播条件下,线缆损耗将造成严重的传输损耗,而且线缆成本也非常高。

(2) GPS 铷钟驯服法将收发信机分别用两台高精度铷钟相连接,从而实现收发信机的同步。该方法能够满足室外远距离场景测量需求,而且具有较高的同步精度。

5. 测试效率

对于毫米波来说,传播环境的细微变化都会导致接收信号的小尺度衰落,因此在测量过程中需要确保测量环境处于准静态信道状态。这就要求通过合理地设计测量方案和选择高性能测试仪器来提高测量效率,使得信道测量在较短的时间内完成。

针对以上测量问题以及毫米波测量的需求，目前毫米波无线传播测量方法主要分为频域扫描法和时域相关法。

（1）频域扫描法。该方法首先测量毫米波信道的频率响应，然后对频域测量数据进行离散反傅里叶变换，从而得到时域信道脉冲信号。频域扫描测量需要借助矢量网络分析仪（VNA）来完成。如果将准静态的无线信号视为一个线性二端口网络，则可以采用 VNA 的 1 端口向空间发射恒定功率的宽频信号，然后采用 VNA 的 2 端口进行空中接口信号接收。VNA 所测量得到的 S_{21} 参数就是无线信道的传输系数，即频率响应。该方法中的扫频宽度决定了信道测量的时延分辨率。同时，为了避免在离散傅里叶变换中频谱能量泄漏，一般会在进行变换处理前对 S_{21} 进行窗函数过滤。

采用频域扫描法可以通过调节扫频宽度与步长在时延域得到较高精度的信道冲击响应（CIR）。但是该方法也存在两点缺陷：首先这种方法要求无线信道在扫频期间内保持线性时间不变，即确保在测量时间内传播环境不能变化。实际测量过程中，测试人员的活动不可避免地会影响毫米波传播，从而引入不可控的人为测量误差。因此这种方法仅适用于准静态无线信道的测量。其次，由于 VNA 的两个端口需要通过射频线缆与收发信机进行连接，线缆的长度会限制测量距离，而且线缆的损耗在毫米波频段也会严重影响信号传输。所以频域扫描法通常适用于室内环境或者室外短距离通信场景。

（2）时域相关法。该方法中，将具有良好自相关特性的序列 $x(t)$ 与载波信号进行混频得到调制信号，然后由发射机将该调制信号发射至传播环境。接收机对多径来波信号进行下变频和滤波处理，得到的接收序列 $y(t)$ 与发射序列 $x(t)$ 进行数字运算处理。根据信号与系统理论，$y(t)$ 的互相关函数与信道系统的单位脉冲响应 $h(t)$ 成正比。所以可以由 $x(t)$ 与 $y(t)$ 的数字运算得到无限信道的 CIR。在时域相关法中，收发信机之间无需用射频线缆连接即可进行远距离测量，而且该方法发射的是连续波信号，无需进行频率扫描，显著地节省了测量时间。所以该方法适用于各类室外场景的测量。

可见，时域相关法的关键在于序列 $x(t)$ 的选择，以及 $x(t)$ 与 $y(t)$ 的数字运算处理。常用的序列 $x(t)$ 采用 PN 序列和格雷互补序列，同时发送序列的长度 N 也会影响测量系统性能。因为自相关函数旁瓣峰值是主瓣峰值的 $1/N$，所以增加 N 可以获得更好的信号增益。通常采用相关器对 $x(t)$ 与 $y(t)$ 进行运算处理。相关器可以通过硬件结构来直接实现，也可以通过对接收的基带信号进行处理来实现。

7.4　电波传播测量误差分析与数据处理

对测量数据的处理与分析是实验科学的重要内容。电磁波传播测量中产生的误差是不可避免的，需要通过适当的统计学方法分析误差的大小和产生原因，从而使得误差最小化。本节主要介绍误差的概念和分类，并阐述经典的电磁波测量数据处理方法。

各种类型的测量工作对于误差的大小和测量准确度的要求不同，所以需要根据具体的测量问题和对象进行数据处理。在电波传播测量问题中，尽可能地降低测量误差能够为信道建模与基站部署提高精度和降低成本，所以目前对误差处理提出了更高的要求。

7.4.1　电波测量误差分析

1. 测量误差基本概念

当对一个物理量进行测量时，该物理量本身具有的真实大小特征称之为真值。测量误差是指测量结果与真值之间的差别。测量误差分为绝对误差与相对误差。

绝对误差表示为

$$\Delta x = x - x_0 \tag{7.24}$$

其中，Δx 为绝对误差；x 为测量值，包括仪器的显示值、量具或者器件的标称值和近似值等；x_0 为被测物理量的真值。在具体物理问题中，虽然被测物理量的真值客观存在，但是确切地测得真值大小是非常困难的。在某些特殊情况下，真值可以由理论分析得到或者由计量学做出规定。在常规的电波测量工作中，只要符合测量规范，达到误差可以忽略的程度，就可以认为该测量值逼近于真值，并代替真值。满足相关测量规定、可以代替真值的测量结果被称为实际值。在实测工作中，通常把高一等级的计量标准多次测量得到的结果作为实际值。此外，也可以用经过修正的多次测量结果的算术平均作为真值。

相对误差 γ 定义为绝对误差与真值的比值。

$$\gamma = \frac{\Delta x}{x_0} \times 100\% \tag{7.25}$$

测量误差通常被分为系统误差、随机误差和粗大误差。

(1) 系统误差。当在相同测量条件下对确定物理量进行多次测量时，误差的绝对值与符号保持不变，此时称该误差为系统误差。或者在测量条件发生改变时，按照某特定规律变化的误差，也可以被称为系统误差。该系统误差一般可以被表示为多个变量的函数，其与测量条件密切相关。当测量条件不变时，系统误差则保持恒定，所以系统误差可以用多次测量的平均值来表示。如果多次测量的条件发生变化，系统误差可能会呈现出累进式、周期性或按某种复杂规律变化的特点，此时系统误差可以采用解析表达式或者数据曲线来表示。如果测量系统误差不随测量条件变化，则这种系统误差被称为恒值系统误差。通过对系统误差的研究分析，可以追溯测量方案设计中的问题，并对其进行迭代消除或者减弱。

(2) 随机误差。保持测量条件不变，对同一物理量重复进行多次测量，如果误差的绝对值或符号随机变化，则该误差称为随机误差。尽管随机误差在测量次数较少时表现为不可预测，但是随着测量次数的增加，会整体上服从一定的统计规律。随机误差在多次测量过程中，绝对值在一定范围内振荡，这种现象称为随机误差的有界性。一般情况下，随机误差绝对值相等的正负值出现概率相等，即表现为对称性。当测量次数增大到一定程度时，随机误差的算术平均值会趋近于零，这说明通过多次测量，随机误差会相互抵消，具有抵偿性特点。根据统计学理论与实验实践，电磁波传播测量中的随机误差基本服从正态分布或者均匀分布模型。

(3) 粗大误差。在规定的实验条件下，超出预期估计的误差称为粗大误差。其产生原因可能为读数错误、测量方法错误或仪器缺陷等。对于这种误差，应当追溯测量系统尝试消除，同时由于其偏离真值，需要对其进行删除。

2. 误差的估计与处理

1）测量数据的数学期望与方差

理论上测量数据的取值应当是连续的，但是由于实际电波测量案例中仪器最小刻度有限，因此实际测量数据都是离散状态。对于离散数据的数学期望与方差需要进行统计分析。若测量数据为序列 X，其包含 m 个离散数值。在测量次数足够大的情况下，根据伯努利（Bernoulli）定理，事件发生的频率 n_i/n 收敛于它的概率 P，即当测量次数 $n \rightarrow \infty$ 时，可以用事件发生的频率 n_i/n 代替事件发生的概率 $P_i (i=1, 2, \cdots, m)$。因此测量数据序列 X 的数学期望为

$$M(X) = \sum_{i=1}^{m} x_i P_i = \sum_{i=1}^{m} x_i \frac{n_i}{n} (n \rightarrow \infty) \tag{7.26}$$

其中，n 为总测量次数，n_i 为取测量值 x_i 的次数。如果每个测量数据只得到一次，或者对每次测量结果单独统计，则可以认为通过 n 次测量得到 n 个测量数据。当 $n \rightarrow \infty$ 时，可以用相应数据出现的频率 $1/n$ 代替概率 P_i，从而得到测量数据的数学期望。

$$M(X) = \frac{1}{n} \sum_{i=1}^{n} x_i (n \rightarrow \infty) \tag{7.27}$$

根据式（7.26）与式（7.27），测量数据的数学期望为测量次数趋于无穷大时多次测量结果的平均值。数学期望只能反映测量数据平均值的特点，实际测量中还需要采用测量数据的方差 $\sigma^2(X)$ 来表示测量数据的离散程度。

与数学期望类似，如果离散数据可能的取值数为 m，当测量次数趋于无穷大时，第 i 种取值的概率 P_i 可用事件发生的频率 n_i/n 来代替，这样测量数据方差表示为

$$\sigma^2(X) = \sum_{i=1}^{m} [x_i - M(X)]^2 P_i = \sum_{i=1}^{m} [x_i - M(X)]^2 \frac{n_i}{n} \quad (n \rightarrow \infty) \tag{7.28}$$

当测量次数趋于无穷大时，用测量数据出现的频率 $1/n$ 代替概率 P_i，则得到测量数据的方差为

$$\sigma^2(X) = \frac{1}{n} \sum_{i=1}^{m} [x_i - M(X)]^2 \quad (n \rightarrow \infty) \tag{7.29}$$

由式（7.28）与式（7.29）可知，方差是用来描述测量数据的离散程度的。方差的算术平方根 $\sigma(X)$ 称为标准偏差，$\sigma(X)$ 越小，测量结果越集中于某一范围。

尽管常规的电磁波测量结果是离散数据，但是与其进行比较分析的仿真结果数据一般在某区间内连续，所以需要对连续的仿真结果数据也进行统计分析。由于仿真结果的取值在某范围内是无限多个，对应于某个仿真值的概率趋于零，因此需用概率密度函数来表示仿真结果的数学期望与方差。假设仿真结果 Y 在区间 $(y, y+\Delta y)$ 内的概率为 $P(y<Y<y+\Delta y)$，当 Δy 趋近于零时，若 $P(y<Y<y+\Delta y)$ 与 Δy 之比的极限存在，则称其为仿真值 Y 在 y 点的概率密度 $\varphi(y)$。

$$\varphi(y) = \lim_{\Delta x \rightarrow 0} \frac{P(y<Y<y+\Delta y)}{\Delta y} \tag{7.30}$$

此时，连续的仿真结果数据的数学期望与方差为

$$M(Y) = \int_{-\infty}^{\infty} y\varphi(y)\mathrm{d}y \tag{7.31}$$

$$\sigma^2(Y) = \int_{-\infty}^{\infty} \left[y - M(Y) \right]^2 \varphi(y) \mathrm{d}y \tag{7.32}$$

在进行式(7.31)与式(7.32)的计算时,只有其中的积分收敛,连续数据才具有数学期望和方差。

2) 有限次测量数据的数学期望和方差

由以上数学期望与方差的推导过程可见,只有当测量数据无穷大时才可以准确地求解相关统计参数。然而,在实际电波传播测量中只能获得有限次数的测量数据。将 n 次测量的数据作为随机样本,对其进行统计分析,可以得到测量数学期望与方差。

通过对某电磁传播现象进行多次独立且等精度的测量,可以获得一系列测量数据。这些数据的单次测量结果与数学期望均存在一定偏差,而且偏差的大小和方向呈现随机特点。从统计学角度观察,当测量对象、测量条件及被测参数确定时,这一系列测量结果的数学期望与方差是相等的:

$$M(x_1) = M(x_2) = \cdots = M(x_n) = M(X) \tag{7.33}$$
$$\sigma(x_1) = \sigma(x_2) = \cdots = \sigma(x_n) = \sigma(X) \tag{7.34}$$

由概率论原理可知,几个随机变量之和的数学期望等于各随机变量的数学期望之和,而且几个相互独立的随机变量的方差等于各个随机变量方差之和。因此可以得到有限次测量结果的算术平均值的数学期望。

$$M(\bar{x}) = M\left(\frac{1}{n} \sum_{i=1}^{n} x_i\right) = \frac{1}{n} M\left(\sum_{i=1}^{n} x_i\right) = \frac{1}{n} \times n M(X) \tag{7.35}$$

则

$$M(\bar{x}) = M(X) \tag{7.36}$$

由上式可见,有限次测量数据的算术平均值的数学期望等于测量结果 X 的数学期望。

类似地,n 次测量数据平均值 $\bar{x}$ 的方差为

$$\sigma^2(\bar{x}) = \sigma^2\left(\frac{1}{n} \sum_{i=1}^{n} x_i\right) = \frac{1}{n^2} \sigma^2\left(\sum_{i=1}^{n} x_i\right) = \frac{1}{n^2} n \sigma^2(X) \tag{7.37}$$

则

$$\sigma^2(\bar{x}) = \frac{1}{n} \sigma^2(X) \tag{7.38}$$

$$\sigma(\bar{x}) = \frac{\sigma(X)}{\sqrt{n}} \tag{7.39}$$

上式说明,n 次测量数据平均值的方差为总体或单次测量数据方差的 $1/n$。如果每个平均值均由 n 个标准偏差为 $\sigma(X)$ 的数据平均而成,则测量值数目越大,平均值的离散程度越小。其原理是采用统计平均的方法对随机误差进行了削弱。

当测量值数目 n 趋于无限大时,如果 $\bar{x}$ 依概率收敛于 x,则可以称 $\bar{x}$ 为 x 的一致估计值。如果估计值 $\bar{x}$ 的数学期望与 x 相等,则 $\bar{x}$ 为 x 的无偏估计值,这种估计方法被称为无偏估计。

由一致性和无偏估计的原则可知,$\bar{x}$ 可以作为 $M(X)$ 的估计值。所以对于有限次测量情况,方差与标准偏差的估计值为

$$\sigma^2(X) = \frac{\sum_{i=1}^{n} (x_i - \bar{x})^2}{n-1} \tag{7.40}$$

$$\sigma(X) = \sqrt{\dfrac{\sum\limits_{i=1}^{n}(x_i - \bar{x})^2}{n-1}} \tag{7.41}$$

3）随机误差的统计处理

随机误差表现为在相同测量条件下误差的绝对值与符号随机变化，其使得测量数据偏离于数学期望。如果只观察单次测量结果会发现测量值的偏离没有规律可循，但是对多次测量进行分析可以观察到随机误差符合一定的统计规律。通过采用概率论与数理统计方法进行随机误差的分析，可以结合统计平均方法来削弱随机误差。大多数情况下，随机误差的产生原因来源于对测量数据影响微小且相互独立的多种因素综合作用，假设随机误差服从正态分布，则测量随机误差及测量数据分布的密度分别为

$$\varphi(\delta) = \dfrac{1}{\sigma(\delta)\sqrt{2\pi}} e^{-\frac{\delta^2}{2\sigma^2(\delta)}} \tag{7.42}$$

$$\varphi(X) = \dfrac{1}{\sigma(X)\sqrt{2\pi}} e^{-\frac{[X-M(X)]^2}{2\sigma^2(X)}} \tag{7.43}$$

式中，δ 为随机误差，$\sigma(\delta)$ 及 $\sigma(X)$ 分别为随机误差及测量数据分布的标准偏差。可见当测量数据呈现正态分布特征时，测量值对称地分布于其数学期望的两侧。因为随机误差的对称性与抵偿性，通常采用多次测量取平均值的方法以消除随机误差对于测量的影响。

4）系统误差处理

系统误差的产生原因非常复杂，而且对于测量精度的影响非常严重。目前尚未形成有效且通用的系统误差削弱和消除方法。一般来说，针对具体的测量对象和工程问题采用相应的技术手段进行系统误差处理。首先要根据测量结果分析，检查验证系统误差是否真实存在。然后分析系统误差的来源，在测量方案的设计环节尽可能消除引起系统误差的要素，在测量过程中引入相关技术以尽力消除或者减弱系统误差的影响。最后，在数据处理环节尝试估计和找出系统误差的范围，对于比较明确的系统误差，可以对测量结果进行修正，对于难以把控的系统误差，要估计出其大概范围和对测量结果的影响程度。

7.4.2　测量结果评定

完成电波传播的现场测量后，应对测量结果给出正确合理的评定与表述。对于测量结果，不仅要给出被测参数的最终数值，还要指出其置信区间。传统的评定方法首先关注系统误差被消除或者削弱的程度，或者是否根据系统误差对测量结果进行修正，其次对随机误差进行估计分析。现代评定方法主要关注不确定度，更加全面地分析产生误差的各种因素，然后进行统一评定。

1. 传统评定方法

传统评定方法通常采用精密度、准确度和精确度三个指标来评定测量结果。

精密度指重复测量所获得的结果相互接近的程度，可以用来描述测量可重复性的程度。该指标反映的是随机误差的大小。测量精密度越高，随机误差就越小，则测量数据结果越集中于某一区间范围，测量的重复性就越好。精密度可以由测量仪器的最小测量单位来确定。

准确度指测量值与真值的符合程度，其与系统误差相关。准确度越高，则测量数据的

平均值与真值偏离越小，那么测量结果越接近于真值。所以准确度反映了系统误差对于测量的影响。因为系统误差的产生原因可以追溯找到，所以准确度反映的也是仪器误差。当测量仪器确定时，多次测量只能确定重复性的优劣，而不能分析其准确度。仪器的精密度与准确度并无直接联系。仪器的准确度受限于仪器自身性能和测量方案。

精确度指对于测量过程的随机误差与系统误差的综合评定，用于判定测量结果的重复性与接近真值的程度。精确度越高，则测量结果越集中于真值附近，此时系统误差与随机误差都比较小。尽管精密度与准确度没有关系，但是精确度高的时候，精密度与准确度都会较高。

可以看出，这三个指标的定义都与真值有关。但是真值只是理想存在的，并不能被完全测量得到，所以精密度、准确度和精确度的定义只是定性给出，无法直接量化判定。这也是传统评定方法的缺陷。

2. 现代评定方法

现代评定方法采用不确定度作为测量结果的评判依据。不确定度表示测量结果可能出现的具有一定置信水平的误差范围的量，通常用 σ 表示。σ 值的大小反映了测量结果的可信程度。σ 越小，则测量结果越接近真值，可信程度就越高。不确定度的产生原因非常复杂，包括测量对象、测量仪器、设施装备、测量方案、测量环境及测量人员。

不确定度是在误差分析的基础上发展而来的。不确定度与误差是不同的概念，但是彼此相互联系。首先，由于测量的真值不可能获得，因此误差是一个理想化且不能准确计算的概念。而不确定度则表示由于存在误差而对被测量值不能确定的程度，其意义在于表征真值所在的量值范围的评定，所以不确定度能够定量地用于衡量测量结果。其次，误差与不确定度都是由于测量工作中的不理想或者不完善造成的，不确定度的计算会用到误差分析的一些参量，二者是具有内在联系的。最后，不确定度主要用于给出具体数值或者进行定量预算的问题，而误差仍可以应用于定性描述测量结果的场合。

1）不确定度的计算

不确定度主要由 A 类和 B 类两项分量组成。A 类分量指用统计方法获得的分量，根据国际计量局发布的"实验不确定度的规定建议书"可以采用标准差表示 A 类分量。

B 类分量指用其他方法确定的分量，其数值 U_j 采用近似标准差表示。

$$U_j = \frac{\Delta_{B_j}}{K_{B_j}} \tag{7.44}$$

其中，Δ_{B_j} 与 K_{B_j} 分别为测量的极限误差与误差统计分布因子，二者与测量仪器仪表的标称误差有关。

令测量结果的不确定度 A 类分量用 $S_i (i=1,2,\cdots)$ 表示，B 类分量用 $U_j (j=1,2,\cdots)$ 表示，则不确定度可以表示为

$$\sigma = \sqrt{\sum S_i^2 + \sum U_j^2} \tag{7.45}$$

2）测量结果的表述

令待测场强为 E，其平均值为 $\bar{E}$，算术平均差为 ΔE，标准差为 S_E，不确定度为 σ_E，则测量结果可以表示为以下三种形式：

$$E = \bar{E} \pm \Delta E \quad 57.5\% \text{ 置信概率} \tag{7.46}$$

$$E = \bar{E} \pm S_{\mathrm{E}} \quad 68.3\% \text{ 置信概率} \tag{7.47}$$

$$E = \bar{E} \pm \sigma_{\mathrm{E}} \tag{7.48}$$

本 章 小 结

　　本章主要介绍应用于无线通信技术的电波测量技术。首先简要介绍了电波测量中电磁场强度测量的基本原理以及常用的测量仪器，重点介绍了宽带场强仪与选频式场强仪，并对场强测量工作中需要重点注意的基本要求进行了说明。然后针对移动通信系统网络建设，详细介绍了场强测量的原理、方法及测量数据处理方法，并且针对 5G 及未来移动通信系统中的毫米波技术，介绍了毫米波频段电磁波测量的原理与测试设计原则。最后，针对测量数据的误差分析与统计方法进行了阐述，概括了电波测量中出现的各类误差及其产生原因，以及处理方法，给出了对测量结果进行评定分析的方法原则。

第8章　无线电波传播仿真方法

8.1　统计建模仿真方法

当前电波传播特征预测模型的研究方法主要分为三种：第一种为经验测量方法，其基于实际测量数据，利用数学统计方法来获取特定区域的电波传播预测结果，一般以图表或者拟合公式的形式呈现；第二种为确定性预测方法，其依据电波传播的波动理论对电场值的空间和时间分布进行严格的电磁计算；第三种方法为混合法，即前两种方法的综合使用。

8.2　射线追踪方法

早在 20 世纪 80 年代已经开展了基于高频近似的射线追踪方法研究，并尝试将其应用于电磁波传播预测，但是受限于当时的计算机硬件水平，并且缺少数字地理信息，难以开展复杂介质中的电波传播数值分析工作。20 世纪 90 年代，随着计算机硬件与软件技术的飞速发展，以及可视化技术在科研领域的应用，射线追踪技术成为了国内外众多科研机构和无线通信业界的关注热点，并被应用于各类大尺度复杂通信环境的电波传播场强分布预估。成熟的射线追踪方法是蜂窝网小区覆盖预测与干扰分析的有效工具，其算法精度对电磁模型的应用范围起重要作用。

近年来频谱资源受限成为移动通信发展的重要制约因素，同时移动用户对于系统容量增长的需求日益增加。微蜂窝以及室内通信成为无线通信网络补盲和扩容的重要手段。然而，此类通信场景下，传统的统计无线传播建模方法严重失效。主要原因在于传统经验模型难以充分考虑电磁波在屋顶和建筑物边缘的绕射和散射现象，从而导致其不足以反映市区与室内非视距复杂环境电磁波传播的实际情况。因此基于麦克斯韦（Maxwell）方程组及边界条件求解的确定性，无线传播建模方法成为解决该问题的有效途径。因为该方法具有坚实的物理基础和清晰的物理意义，并能够准确计算场强分布，所以获得了广泛的关注与研究。

尽管可以运用于复杂介质与环境电波传播建模的计算电磁学方法种类繁多，但是能够真正将计算效率与精度充分结合而应用于无线通信环境电磁仿真的方法主要是基于几何光学近似与一致性绕射理论的射线追踪模型。在无线通信的微蜂窝小区与室内环境下，障碍物尺寸远大于电波波长，因此可以对计算方法进行光学近似，并充分利用建筑物结构与材质数据对研究区域电磁场强空间分布进行仿真分析。

8.2.1　射线追踪方法的基本原理

射线追踪方法的基本原理是，通过识别由发射机至接收机的所有上线路径，精确模拟射线与通信环境中障碍物的反射、绕射或散射现象，从而获得总接收场强。每条射线的接

收功率表示为

$$P_r = \frac{P_t G_t \lambda^2 G_r}{(4\pi d)^2} \left[\prod_j R_j \right]^2 \left[\prod_k T_k \right]^2 \left[\prod_l A_l(s', s) D_l \right]^2 \tag{8.1}$$

式中，P_t 为发射端功率；d 为该射线路径从发射端到接收端的总几何长度；G_r 与 G_t 分别为接收天线与发射天线的增益；R_j 为射线发生第 j 次反射时的反射系数；T_k 为射线发生第 k 次透射时的透射系数；D_l 为射线发生第 l 次绕射时的边缘绕射系数；$A_l(s', s)$ 为修正因子，用以修正绕射路径的空间衰减。

1. 反射系数和透射系数求解

根据菲涅耳反射定律，反射系数与多项因素相关，包括入射角、极化方式及表面粗糙度，如图 8.1 所示。

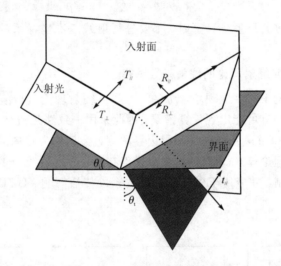

图 8.1　入射、反射及透射示意图

在图 8.1 所示的坐标系下，反射系数可以表示为一个二阶矩阵。

$$\boldsymbol{R} = \begin{bmatrix} R_{\alpha\alpha} & R_{\alpha\beta} \\ R_{\beta\alpha} & R_{\beta\beta} \end{bmatrix} = \begin{bmatrix} R_\perp & 0 \\ 0 & R_{/\!/} \end{bmatrix} \tag{8.2}$$

式中，$R_\perp$、$R_{/\!/}$ 分别为垂直极化反射系数和平行极化反射系数。

$$R_\perp = \frac{\cos(\theta_i) - \sqrt{\varepsilon_r}\cos(\theta_t)}{\cos(\theta_i) + \sqrt{\varepsilon_r}\cos(\theta_t)} \tag{8.3}$$

$$R_{/\!/} = \frac{\sqrt{\varepsilon_r}\cos(\theta_i) - \cos(\theta_t)}{\sqrt{\varepsilon_r}\cos(\theta_i) + \cos(\theta_t)} \tag{8.4}$$

一般情况下，入射场在入射平面上分解为垂直极化与平行极化两种分量，分别进行计算处理。类似地，垂直极化透射系数与平行极化透射系数为

$$T_\perp = \frac{2\cos(\theta_i)}{\cos(\theta_i) + \sqrt{\varepsilon_r}\cos(\theta_t)} \tag{8.5}$$

$$T_{/\!/} = \frac{2\cos(\theta_i)}{\sqrt{\varepsilon_r}\cos(\theta_i) + \cos(\theta_t)} \tag{8.6}$$

根据斯涅耳定理，无线传播环境中入射角和折射角的关系为

$$\sin(\theta_i) = \sqrt{\varepsilon_r} \sin(\theta_t) \tag{8.7}$$

结合上式,可以将反射系数与透射系数简化表示为

$$R_\perp = \frac{\cos\theta_i - \sqrt{\varepsilon_r - \sin^2\theta_i}}{\cos\theta_i + \sqrt{\varepsilon_r - \sin^2\theta_i}} \tag{8.8}$$

$$R_\parallel = \frac{\varepsilon_r \cos\theta_i - \sqrt{\varepsilon_r - \sin^2\theta_i}}{\varepsilon_r \cos\theta_i + \sqrt{\varepsilon_r - \sin^2\theta_i}} \tag{8.9}$$

$$T_\perp = \frac{2\cos\theta_i}{\cos\theta_i + \sqrt{\varepsilon_r - \sin^2\theta_i}} \tag{8.10}$$

$$T_\parallel = \frac{2\sqrt{\varepsilon_r}\cos\theta_i}{\varepsilon_r \cos\theta_i + \sqrt{\varepsilon_r - \sin^2\theta_i}} \tag{8.11}$$

在每个反射面上进行反射场计算时,都要进行射线基准坐标系的转换,从而完成反射射线的追踪。

2. 基于一致性几何绕射理论的绕射系数求解

针对无线通信环境中的绕射现象,需要引入几何绕射理论进行绕射场处理,然而对于部分特殊传播区域仍然有可能出现计算错误,因此采用一致性几何绕射理论(UTD)和一致性渐进理论(UAT)可以解决几何光学阴影边界两侧过渡区内失效的问题,且在过渡区以外自动转化为几何绕射理论算式。UTD 的突出优点在于:追踪射线与工作频率不相关,所以可以不受算法频率限制,并应用于微波及毫米波频段传播问题。UTD 的算法模块如图 8.2 所示。

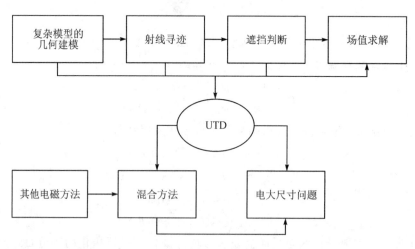

图 8.2　UTD 的算法模块

UTD 算法中用到的绕射系数来源有两种:基于电磁理论解析计算而来,或者直接借用理想导电劈结构的绕射系数。前者虽然计算精度高,但是形式复杂且适用范围受限;后者经过优化和改进,在无线工程中应用较多。启发性绕射公式是一种常用的非理想导体劈分析方法,绕射过程示意图见图 8.3,其绕射系数为

$$D^{(l)} = \frac{-\mathrm{e}^{-\mathrm{j}\pi/4}}{2n\sqrt{2\pi k}}\cot\gamma^{(l)} F\left(2kLn^2\sin^2\gamma^{(l)}\right), \quad l = 1, 2, 3, 4 \tag{8.12}$$

其中 $\gamma^{(l)}$ 为

$$\gamma^{(1)} = \frac{\left[\pi - (\phi - \phi')\right]}{2n}$$

$$\gamma^{(2)} = \frac{\left[\pi + (\phi - \phi')\right]}{2n}$$

$$\gamma^{(3)} = \frac{\left[\pi - (\phi + \phi')\right]}{2n} \tag{8.13}$$

$$\gamma^{(4)} = \frac{\left[\pi + (\phi + \phi')\right]}{2n}$$

$F(x)$ 为修正非一致性的过渡函数。

$$F(x) = 2\mathrm{j}\sqrt{x}\exp(\mathrm{j}x)\int_{\sqrt{x}}^{\infty}\exp(-\mathrm{j}\tau^2)\,\mathrm{d}\tau \tag{8.14}$$

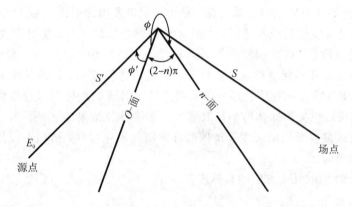

图 8.3　绕射示意图

　　需要注意的是，受限于计算电磁学算法在建模精度与计算效率之间的矛盾，射线追踪方法并不能用于所有无线通信场景的仿真预估，目前仅适用于复杂密集城区与室内场景。

8.2.2　正向算法和反向算法的选择

　　根据算法中对于射线追踪选择方法的不同，射线追踪算法可以分为正向算法与反向算法。这两种算法具有各自的优势与缺陷，如表 8.1 所示。正向算法的优势在于计算效率较高和算法结构简单，而反向算法的优势在于精度较高。因此需要在实际运用过程中，依据具体问题选择合适的仿真方法。例如，对于覆盖预估问题可以采用正向算法来解决，而涉及相位与极化信息时，则需要采用反向算法进行无线信道特性分析。

表 8.1　正向算法和反向算法的对比

对比项	正 向 算 法	反 向 算 法
计算时间	随预先定义的反射次数呈指数增长	随预先定义的反射次数呈线性增长
计算效率	效率高，只需要一次计算就可得出城市小区内所有接收点处的结果	效率低，一次计算只能得出一个点的结果

对比项	正 向 算 法	反 向 算 法
计算复杂度	算法流程简单，也比较容易实现。实际操作时，由源点出发跟踪射线束，遇到平面阻挡便反射，遇到劈尖的阻挡便绕射，一直到射线束的能量衰减到可以忽略为止	算法流程复杂，实现起来比较困难。具体操作时，由场点出发，寻求所有能从源点到达场点的路径
计算适用性	适合于场强的计算，而计算相位和极化信息时，这种算法的误差比较大	能准确地计算场强、相位和极化信息等
代表性技术	SBR	镜像法

8.2.3　入射及反弹射线/镜像法

在各类专业仿真软件中，通常采用的是基于实现追踪模型的入射及反弹射线/镜像法（SBR/IM）。这种 SBR/IM 射线追踪方法，是由发射机发出的射线，在建模环境中追踪其传播路径，准确地计算发射射线与建模环境中的障碍物之间的反射、绕射和散射等交互作用，从而获得接收场强信息。该方法结合了入射及反弹射线方法（SBR）与镜像法（IM）的优点，适用于室内环境电波传播问题的求解。对于复杂通信环境模型，该方法能够有效提高计算效率与精度。SBR/IM 方法在建模环境中采用大量的射线管来代替接收机侧的虚拟接收球体，从而可以解决虚拟接收球体的半径取值大小影响计算结果的问题。因为 SBR/IM 方法通过天线矢量有效高度来反映天线及镜像的方向图和极化特性，所以可以用来分析多次反射造成的去极化效应。

下面简要介绍 SBR/IM 方法的具体步骤。

1. 射线管的发射

首先，假设发射机为全向天线，则辐射源的波前形式为球体，如图 8.4 所示。令波前球体的半径为 1。为了建立射线管，对波前球面进行剖分。相应的剖分密度与射线管分辨能力成正比例关系。采用立体角 $d\Omega$ 对波前球进行剖分，每个波前单元与立体角一一对应。按照此规则，可以通过对波前球面的等面积剖分，用波前单元完整地覆盖整个波前。一般情况下，可以将波前球面剖分为如图 8.5 所示的二十面体。

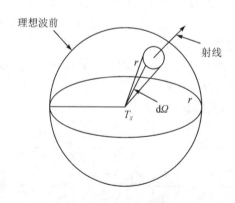

图 8.4　射线管发射示意图

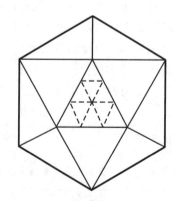

图 8.5　划分波前二十面体示意图

在二十面体的基础上,需要对其表面的每个正三角形进行精细剖分,即将每个正三角形细化为 4 个更小的三角形。以此类推,可以将波前球面剖分为由 N 个三角形组成的 N 面体,如图 8.6 所示。对于不同类型的辐射源,其产生的射线的角度间隔也随之不同。每个射线管具有相同的立体角,且由多条射线组成。对于 N 面体近似得到的波前,可以得到 $20N^2$ 个射线管。可见 N 越大,射线管越精细,从而使得计算精度增加。

图 8.6　剖分完成后的波前球面示意图

2. 射线管的追踪及判收

如图 8.7 所示为平面面元上射线管的反射示意图。在参考点 T 的射线管 $TV_1V_2V_3$ 由路径长度 $l=\overline{TU}$、射线管的中心射线方向 $\boldsymbol{r}=\boldsymbol{TU}/\overline{TU}$ 及方向矢量 $\boldsymbol{UV}_1$、$\boldsymbol{UV}_2$、$\boldsymbol{UV}_3$ 所确定。三个顶点 V_1、V_2、V_3 的计算式可根据 $\boldsymbol{TV}_i=\boldsymbol{V}_i-\boldsymbol{T}$ 和 $\boldsymbol{TV}_i=\boldsymbol{TU}-\boldsymbol{UV}_i$ 得到。

$$\boldsymbol{V}_i=\boldsymbol{T}+l\boldsymbol{r}+\boldsymbol{UV}_i,\ i=1,2,3 \tag{8.15}$$

在确定入射射线管后,根据镜像法给出平面分界面的镜像射线管 $T'V_1'V_2'V_3'$。需要注意的是 T' 为 T 的镜像,V_i' 并不是 V_1 的镜像。反射点 W 位于 $\overline{TU}$ 和平面分界面的交点。镜像射线管 $T'V_1'V_2'V_3'$ 的路径长度可由 T' 到 W 或者 T 到 W 的距离给出,即 $l'=\overline{T'W}=\overline{TW}$。在此基础上,考虑射线经过 q 次反弹后,由反射关系可以推导出中心射线的反射方向与强度。

$$\boldsymbol{T'W}=\frac{l'}{l}\left[\boldsymbol{TU}-2(\boldsymbol{TU}\boldsymbol{\cdot}\boldsymbol{n})\boldsymbol{n}\right],\ i=1,2,3 \tag{8.16}$$

$$\boldsymbol{TV}_i'=\frac{l'}{l}\left[\boldsymbol{TV}_i'-2(\boldsymbol{TV}_i'\boldsymbol{\cdot}\boldsymbol{n})\boldsymbol{n}\right],\ i=1,2,3 \tag{8.17}$$

$$\boldsymbol{WV}_i'=\frac{l'}{l}\left[\boldsymbol{UV}_i-2(\boldsymbol{UV}_i\boldsymbol{\cdot}\boldsymbol{n})\boldsymbol{n}\right],\ i=1,2,3 \tag{8.18}$$

式中 $\boldsymbol{n}$ 为障碍物表面面元的单位法向矢量。

对于射线 $\boldsymbol{T'R}$ 和障碍物表面三角形面元 $V_1'V_2'V_3'$ 的相交与否计算,可以判定接收机是否在射线管 $T'V_1'V_2'V_3'$ 之内。由 R 点发出的射线 $\boldsymbol{RT'}$ 可以验证反射平面与 R 点之间是存在障碍物。如果将射线在障碍物表面的反射现象形象地视为光线的反弹,则可以更为直观地理解 SBR 方法的特点。如果对于每次反射,接收机都处于反射射线管内,则射线管对于接收机的作用相当于一个镜像源。即如果到达接收机的镜像射线处于射线管内,则认为镜像

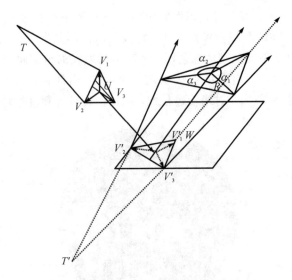

图 8.7　射线管在平面上的入射及反射示意图

射线来自于镜像源。算法追踪每个射线管的反弹次数，当其超过预设阈值时，停止追踪并确定所有镜像射线，收敛计算结果。对于绕射现象，SBR/IM 方法将绕射射线对于接收机的作用等价于一个等效源，即判定由镜像源发射出该绕射射线。

如图 8.8 所示，射线管对于接收机有无贡献的判定过程为：首先，延长射线管 $TP_iP_jP_k$ 的三条射线，与经过接收机 R 的平面 Γ 相交于三个点 L_i、L_j、L_k，其中平面 Γ 与三角形 $\triangle P_iP_jP_k$ 保持平行。L_i、L_j、L_k 组成一个用于接收判定的封闭三角形 $\triangle L_iL_jL_k$。然后，分别将 R 点与 L_i、L_j、L_k 这三点进行连接，构成能够用作判据的角度 θ_1、θ_2、θ_3。最后，定义 θ_1、θ_2、θ_3 之和为 θ，如果满足 $\theta = 2\pi$，则可以判定 R 点位于封闭区

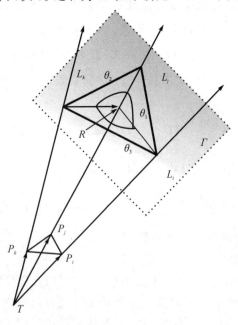

图 8.8　判定关系示意图

域$\triangle L_i L_j L_k$内，即该射线管 $TP_iP_jP_k$ 对该位置的接收端有贡献。

8.3　商用电波传播仿真软件

射线跟踪方法已经被广泛地用于传播模型和通信系统设计，当观测点与最近散射体间的距离大于很多个波长时，该方法的预测精度非常高。同时，该方法将射线概念在计算电磁学领域得以充分体现，能够较准确地考虑电磁波的各种传播效应，如直射、反射、绕射等，并能够考虑到影响电波传播的各种因素，从而对具体场景实现准确的传播预测。

以高频近似方法为基础，多种射线追踪模型被应用于电磁波传播仿真工具开发，并被集成于各类网络规划软件中。Volcano 是由法国公司开发的包含了射线跟踪技术的传播模型。在该模型中，传播场景根据天线高度和电波的主要传播方式定义为三种，即发射天线高于周围建筑物的宏蜂窝场景、发射天线低于周围建筑物的微蜂窝场景和发射天线介于两者之间的 Mini 蜂窝场景。Volcano 传播模型已在实际无线网络工程的多个规划项目中得到了应用。WinProp 是德国公司开发的传播模型软件，其中包含了可以应用于城区室内和坑道场景的射线跟踪算法。WaveSight 是由瑞士 Wavecall 公司开发的三维射线跟踪模型，该模型采用结合垂直面和水平面的射线跟踪算法，采用 UTD 计算绕射。Wireless InSite 是 REMCOM 软件包中一款对复杂电磁环境进行仿真预测分析的软件。Wireless InSite 采用高级的电磁处理方法，使其可以在任意频段内提供精确的计算结果。该软件主要用于对城市、郊区、室内等规则区域、山脉、植被区等非规则地形，以及机场、大型舰船等复杂平台的电磁环境预测分析。

8.3.1　Wireless InSite 软件

REMCOM 软件包是由美国 REMCOM 公司开发的一套集电磁数值计算方法 FDTD（时域有限差分法）、UTD（一致性绕射理论）、GTD（几何绕射理论）、物理光学、SBR/ER（射线跟踪模型）于一体的三维电磁仿真软件包，包括 XFDTD、XGTD、Wireless InSite、RLD 等软件包，分别完成电小尺寸级别、电大尺寸目标系统级别、复杂电磁环境级别、专业罗特曼透镜设计的电磁计算仿真分析。从 1994 年 REMCOM 公司发布第一个版本以来，该软件包广泛应用于各种科研、工业设计、军工生产等方面。

Wireless InSite 作为 REMCOM 公司的主打产品之一，在解决复杂地形电磁环境信号传播预测和干扰分析上都具有独特的优势。该产品基于 UTD/GTD 理论，采用射线跟踪方法建立传播模型，使用了一些计算机图形的方法加速模型的建立和处理，采用的算法当中包括 2D、3D 以及快速 3D 的算法，根据散射的特性以及与物体相关的反射、透射系数来评估电场、磁场，通过将电场与具体的天线模式相结合来计算路径损耗、到达时间以及到达角度等。

1. 几何建模模块

Wireless InSite 的几何建模模块为必选模块，其用于进行仿真环境的导入、编辑和显示几何特征（如楼房、植被、地形等），为用户提供可视化的环境建模工具，具体包括以下软件。

城市的建模：该软件支持多种不同的城市特征格式，包括 AutoCad /DXF 以及其他专业几何建模格式，如 Vexcel、Harris 及 Spot Image。该模块能够自动预处理城市建筑物特征，去除不必要的细节，简化楼房结构，便于提高后期数值计算效率。该模块不仅能够给出无线网络覆盖范围，还可以显示射线传播路线。

建筑物的导入和处理：Wireless InSite 的传播模型预估计算基于精准三维建筑物环境，而相应的大量精确城市的建筑物数据信息可以从多种渠道获得。按照业界工程习惯，一般将城市环境数据存储为 AutoCAD DXF 格式，并将其导入 Wireless InSite 几何建模预处理模块。借助于 Wireless InSite 的 GUI 接口可以设定建筑物的材质，而建筑物与地形的匹配是由软件自动完成的。在该仿真软件中，建筑物所在的坐标数据可以由经纬度或者直角坐标系来表示。

室内传播建模方法：该软件采用全三维矢量射线跟踪模型，可以在 DXF/SAT 和 IGES 格式的室内建筑几何模型文件基础上进行室内结构的修改（如墙体材质与厚度，以及门窗效果），通过增益、模式及辐射方向等参数进行室内分布天线的设置。输出结果包括各种场强覆盖参数、射线传播路径以及电磁场分布色温图等信息。同时，还可以在场强分布计算的基础上完成室外基站天线对室内的覆盖分析、射线传播路径分析、接收功率预测等。

非规则地形环境建模：对于野外等非规则地形场景，可以通过 USGS、DTED 或 DTA（SoftWright）文件格式导入地形数据，并采用 InSite 的地表特性编辑器进行地形数据修正。该软件为用户提供了友好的图形导入接口。

植被建模方法：考虑到植被环境对于电波传播的影响，该软件可以采用植被编辑器进行新植被群的创建，也可以对已有植被群文件进行修改。该模块中植被特性作为全封闭的对象，包含了植被群的底部、顶部和各个面。其操作方式与城市编辑器的界面非常相似。

2. 传播分析模块

Wireless InSite 的传播分析模块为必选模块。其主要功能是根据不同的应用环境，采用相应的无线传播模型进行无线电波传播特性的计算和分析。Wireless InSite 内置的无线传播模型主要分为以下四大类共 10 种传播模型。

第一类为基于射线追踪算法和一致性绕射理论的传播模型：包含 Urban Canyon 模型、Full 3D 模型、Fast 3D Urban 模型、Vertical Plane 模型。这些算法集成了 SBR 和 UTD 理论，采用射线跟踪过程来确定发射机到接收机的传播路径，UTD 用来估计每条射线的复数电场强度。

第二类为基于时域有限差分法（FDTD）的传播模型：包含移动窗口 FDTD 模型、Urban Canyon FDTD 模型。

第三类为基于经验公式的传播模型：包含 Free Space 模型、Empirical Hata 模型、COST-Hata 模型。

第四类为实时模块：包含垂直平面城市传播（VPUP）、Triple Path Geodesic、OPAR 城市路径损耗算法、Walfisch-Ikegami 模型。

3. 滑动窗口时域有限差分法（MWFDTD）模块

Wireless InSite 的 MWFDTD 模块是可选模块。该模块的特点在于采用 REMCOM 公司研发的滑动窗口 FDTD 方法，突破经典电磁方法 FDTD 的常规应用，成功地将其引入大型环境的电磁仿真分析计算。该模块主要针对非规则地形，在有植被、山脉、复杂障碍物的复杂环境下进行精确的运算，可以满足大型环境进行高精度电磁仿真需求。

8.3.2　WinProp 软件

WinProp 作为 AWE 公司的优秀产品，是目前无线传播与无线网络规划领域内的标准专业软件工具，主要用于对无线通信系统中的电波传播进行分析，并将其结果运用于无线网络规划。WinProp 的无线电波传播模型性能卓越，且运算精确、运行时间较短，应用领域非常广泛。该软件可为用户提供从卫星通信到地球无线通信，从野外山区、郊区、城市到室内无线链路的优质解决方案。对于无线通信网络，WinProp 的应用领域可以细化为 2.5G、3G、4G 和 B3G 小区网络以及无线局域网（W-LAN）、WiMax、自组织网络和广播业务，以及多种通信网络所组成的异构网络。

WinProp 的独特优势包括：

（1）能够仿真无线环境下的多个发射机同时工作状态，并预估接收点的总功率及相互之间的干扰；

（2）将经验传播模型和射线传播模型相结合；

（3）独有的三维优势路径模型能够在野外大场景下使用射线追踪算法进行精确计算；

（4）所有应用场景均可调用计算引擎的 API，以便集成到用户开发的软件中，并能够仿真动态目标和动态网络；

（5）能够针对无线网络的各种空中接口，仿真不同类型网络的覆盖、容量，进行网络的规划和优化。

WinProp 主要包含 ProMan、WallMan、Aman 三大建模模块，如表 8.2 所示。

表 8.2　WinProp 功能模块简介

ProMan 模块	WallMan 模块	AMan 模块
完成无线电波传播计算和无线网络规划。其中无线电波传播计算应用场景包括：野外/山区、市郊、城区、室内、地下（隧道、地铁站）以及混合场景。无线网络规划的对象包括当前主流移动通信标准制式	完成城区和室内图形化的矢量数据编辑，以及野外地形的导入	完成图形化的天线模式编辑和转换

除此之外，WinProp 包含丰富的电波传播模型（经验模型或射线追踪模型），还提供创新型优势路径模型（Dominant Path Model）和快速三维射线追踪模型（IRT）用于计算精度的提升。利用 WinProp 软件的联合网络规划功能（CNP），可将不同场景结合（包括传播模型及其数据库）进行混合分析，比如将城市与室内模型结合或者将野外与室内模型结合。

本 章 小 结

当前移动通信系统建设中，无线网络规划与优化对无线电波传播仿真技术的精确度和效率都提出了较高的要求。基于射线追踪方法的确定性传播模型成为无线网络规划工程中的主要仿真预估方法。本章首先介绍了无线传播仿真技术中主要的几种统计建模方法。然后重点介绍射线追踪法的基本原理，包括反射系数、透射系数以及绕射系数的求解方法，简述了正向射线追踪算法和反向射线追踪算法的思想，对常用的 SBR/IM 方法的关键技术进行了讨论分析。最后介绍了 Wireless InSite 与 WinProp 两种常用无线传播商用仿真软件的功能与特点。

参 考 文 献

[1] ［美］W C Y LEE, LEE D J Y. 综合无线传播模型［M］. 刘青格,译. 北京：电子工业出版社，2015.

[2] 王强，刘海林，李新,等. TD-LTE 无线网络规划与优化实务［M］. 北京：人民邮电出版社，2018.

[3] 周峰，高峰，张武荣，等. 移动通信天线技术与工程应用［M］. 北京：人民邮电出版社，2015.

[4] 董兵，赖雄辉. 5G 基站工程与设备维护［M］. 北京：北京邮电大学出版社，2020.

[5] 朱明程，王霄峻. 网络规划与优化技术［M］. 北京：人民邮电出版社，2018.

[6] 陈威兵，刘光灿，张刚林，等. 移动通信原理［M］. 北京：清华大学出版社，2016.

[7] 帅震清. 电磁环境测量技术［M］. 北京：人民交通出版社股份有限公司，2014.

[8] ［英］克里斯托弗 哈斯利特. 无线电波传播基础［M］. 黄斌科，陈娟，田春明,译. 西安：西安交通大学出版社，2012.

[9] 王月清，王先义. 电波传播模型选择及场强预测方法：工程实施指南［M］. 北京：电子工业出版社，2015.

[10] ［美］BERTONI H L. 现代无线通信系统电波传播［M］. 顾金星，南亲良，王尔为，等译. 北京：电子工业出版社，2002.

[11] 郭宏福，马超，邓敬亚，等. 电波测量原理与实验［M］. 西安：西安电子科技大学出版社，2015.

[12] 吕保维，王贞松. 无线电波传播理论及其应用［M］. 北京：科学出版社，2003.

[13] 吴志忠. 移动通信无线电波传播［M］. 北京：人民邮电出版社，2002.

[14] 汤云革，王满喜，周食末，等. 无线电波传播特性模拟计算方法［M］. 西安：西安电子科技大学出版社，2020.

[15] 谢益溪. 无线电波传播：原理与应用［M］. 北京：人民邮电出版社，2008.

[16] ［美］JIN M J. 高等电磁场理论. 2 版. ［M］. 尹家贤，译. 北京：电子工业出版社，2017.

[17] 闻映红. 电波传播理论［M］. 北京：机械工业出版社，2013.

[18] 聂在平. 天线工程手册［M］. 成都：电子科技大学出版社，2014.

[19] 郭立新，张民，吴振森. 随机粗糙面与目标复合电磁散射的基本理论和方法［M］. 北京：科学出版社，2014.

[20] 刘忠玉. 室内外场景下基于射线跟踪算法的无线信道预测研究［D］. 西安电子科技大学博士学位论文，2013.

[21] RIDLER N M, SALTER MARTIN. Evaluating and expressing uncertainty in high-frequency electromagnetic measurements：A selective review. Metrologia，51 (2014)：S191－S198, 2014.

[22] THEODORE S. RAPPAPORT，XING YUNCHOU，et al. Overview of Millimeter Wave Communications for Fifth-Generation (5G) Wireless Networks：With a Focus on Propagation Models. IEEE Transactions on Antennas and Propagation，65(12)：6213－6230，2017

[23] FAN Pingzhi，ZHAO Jing，Chih-Lin I. 5G High Mobility Wireless Communications：Challenges and Solutions. China Communications

[24] 谢显中，等. 认知与协作无线通信网络[M]. 北京：人民邮电出版社，2012.

[25] 葛德彪，魏兵. 电磁波理论[M]. 北京：科学出版社，2016.

[26] 李静. 毫米波电波传播测量与参数提取技术研究[D]. 东南大学硕士学位论文，2019.

[27] DON TORRIERI，SALVATORE TALARICO，MATTHEW C. Valenti. Analysis of a Frequency-Hopping Millimeter-Wave Cellular Uplink. IEEE Transactions on Wireless Communications，15(10)：7089－7098，2016.

[28] 唐盼. 毫米波移动通信信道建模及性能研究[D]. 北京邮电大学博士学位论文，2019.

[29] 阮金波. 基于射线追踪法的5G室内无线网络规划与优化研究[D]. 南京邮电大学硕士学位论文，2020.

[30] ZHANG JUNQING，TRUNG Q. DUONG，et al. Key Generation From Wireless Channels：A Review. IEEE Access，4：614－626，2016.

[31] 王映民，孙韶辉. 5G移动通信系统设计与标准详解[M]. 北京：人民邮电出版社，2020.

[32] [丹麦] POPOVSKI PETAR. Wireless Connectivity：An Intuitive and Fundamental Guide[M]. New York：Wiley Telecom，2020.

[33] [芬兰] GLISIC S G. Advanced Wireless Networks：Technology and Business Models. New York：Wiley Telecom，2016.

[34] ZOU YULONG，ZHU JIA，WANG XIANBIN，et al. A Survey on Wireless Security：Technical Challenges，Recent Advances，and Future Trends. Proceedings of the IEEE，104(9)：1727－1765，2016